红艺 著
中国建筑工业出版社

高校建筑类专业参考书系
The reference book series for the major of architecture in universities

艺术赏析

图书在版编目(CIP)数据

艺术赏析／周红艺著. —北京：中国建筑工业出版社，2007
（高校建筑类专业参考书系）
ISBN 978-7-112-09263-5

Ⅰ.艺… Ⅱ.周… Ⅲ.艺术-鉴赏-高等学校-教材 Ⅳ.J05

中国版本图书馆 CIP 数据核字(2007)第 068803 号

责任编辑：陈　桦　李晓陶
版式设计：付金红
责任校对：王　爽　陈晶晶

高校建筑类专业参考书系
艺术赏析
周红艺　著

*

中国建筑工业出版社出版、发行（北京西郊百万庄）
各地新华书店、建筑书店经销
北京广厦京港图文有限公司设计制作
北京二二〇七工厂印刷

*

开本：787×1092毫米　1/16　印张：12¾　字数：310千字
2007年11月第一版　2007年11月第一次印刷
印数：1—3000册　定价：**46.00元**
ISBN 978-7-112-09263-5
　　　(15927)

版权所有　翻印必究
如有印装质量问题，可寄本社退换
（邮政编码 100037）

艺术是现实生活的一份惬意,是浮喧心灵的一片净地,如夏花之灿烂,亦如秋叶之静美。

本书以艺术家及其作品为线索,选取二百余幅精美配图,力图以通俗易懂的文字表述,从艺术的发生发展规律出发,结合个人多年来从事艺术实践的感悟,对中国历代书画大师和欧洲各时期的油画巨匠及其代表作品,进行系统、细致的分析与阐述,希望能在得到艺术知识普及的同时,能给读者带来艺术上的美感享受。

FOREWORD 序

水起春风，山幽秋林。

中国现代艺术百余年的历史进程，是对传统文化的严重消解，致使民族艺术随着许多回的社会动荡而不断地被破坏，不仅仅是艺术形式的改变，也是艺术精神的更易。时至今日，这种艰难的文化背景中的选择，对于中国艺术家也许成为了一种知耻后勇的新生契机。在数代人积极吸纳西方艺术知识的过程中，获得了许多人类共同的宝贵的艺术经验。于是从古希腊到文艺复兴，从达芬奇到毕加索，西方文化也如涓涓长流，注入到中国艺术进步的洪流之中，西风东渐，鼓荡起伏，对峙、抉择、融合，正兆示着中华民族文化艺术的重新崛起。

现代社会生活基本上进入经济全球化的时代，环球同此凉热，对于传统文化的认识，也改变了地域的局限。中国当代社会文化主题的改变，导致了美术理论的深入研究，已经不仅仅是老生常谈的传统话题，民族性的地域文化在面临经济全球化、国际化进步的刺激中，需要作出自身的基本反应。虽然地域性的民族文化积淀及特征，也必将是对经济全球化、国际化进步的一种有效补充。但是，由这种矛盾形成的根本立场，也为中华民族传统文化的更生带来进一步的思考。

这种历史发展中的沉痛和反思，所积累出的文化经验，需要更多的人去认知和理解，因而任重道远，薪火相传便是艺术理论教学人员的社会责任。

因此，高等院校的美育教学需要美术理论教学研究的人员，具有高度的艺术觉悟，而不是流于纸上谈兵的歧路。然而当代大凡从事美术理论教学研究的人，多因专业方向，也渐少于艺术实践。因而在表述美术知识时，缺少身体力行的经验，亦对艺术特征的微妙之处缺少敏感，常常导致隔岸观火，河山一览，而不甚得其要领。

绘事与艺道，互为表里，因果联袂，体验愈深，而表述愈切，虽说眼高手低是一种自然现象，但是手高眼界亦会更加高远开阔。从而对于个人的体验作为一种自觉的行为，对于社会文化中的美育渴望，尤其是为大学生的艺术知识普及，便是一种迫切的文化召唤。

周红艺自西安美术学院毕业之后，长期以来一直孜孜不倦地从事中国画的创作研究。其以宋画的严谨法度为楷模，不侈谈于水墨的肆意张扬，于是笔出于手，墨洇于纸，便专注于山水的骨气，仔细勾勒，反复罩染，境于心造，画若天然。时常见于教学之余，极力挥写出六尺巨幅，用功既勤，作品渐繁，而心得独具，这种长期从事中国画艺术的探索，对艺术的起源、流变、特征、本质、风格、作品等理论性的问题进行关注研究，有着本质性的认识心得。尤其是根据多年的艺术实践，对人类历史中的优秀艺术作品也有着自己独到的理解，并在科研教学活动中取得了一定的成果。这种在日常的教学工作中，以美术欣赏的教学任务，为许多大学生的美育知识普及，做着力所能及的工作。因此，其《艺术赏析》正是多年来教学经验积累的学术积累。而一位当代的美术家对于古今中外艺术知识的极力通融，是建立在既不必有古今之分，也无需辨东西之别的基础之上。正可谓：春风大雅能容物，秋水文章不染尘。

　　红艺除书画创作之外，平日注重音乐、诗词、影视等方面的文化修养。潜心励志，日积月累，看花临水，啸志歌怀，画如诗句，琴作水声。因此，才能够做到"人于静处心多妙，诗到穷时句自工"的境地。

　　本书曾以《游于艺》的讲义形式在校内外广泛流传，受到许多美术专业人士的好评。由此可以看出，红艺的写作态度认真，资料翔实，表述清晰，教学秩序规范严谨，该书的出版，会使许多热爱艺术的学生和人们，获得一本优秀的有益的教材读物。

　　是为序。

西安美术学院教授

赵农

2007年春天于西安风物长宜之轩

CONTENTS 目录

1	**概述**	**8**
1.1	艺术的欣赏	9
1.2	艺术的创造	15
1.3	艺术的门类及其联系	19
2	**国画**	**24**
2.1	中国画的特点	25
2.1.1	线条的表现	25
2.1.2	笔墨抒写	27
2.1.3	水墨的交响	28
2.1.4	诗情画意	29
2.1.5	笔墨纸砚与诗书画印	31
2.2	气韵生动的人物画	34
2.2.1	晋唐人物画	35
2.2.2	五代两宋人物画	50
2.2.3	元明清及近代人物画	59
2.3	天人合一的山水世界	64
2.3.1	隋唐山水画	65
2.3.2	五代两宋山水画	69
2.3.3	元明清及近代山水画	84
2.4	机趣活泼的花鸟画	104
2.4.1	宫廷花鸟画	104
2.4.2	梅兰竹菊	108
2.4.3	大写意花鸟画	115
3	**油画**	**122**
3.1	文艺复兴三杰	123
3.1.1	达·芬奇	123
3.1.2	米开朗琪罗	126
3.1.3	拉斐尔	126
3.2	17至19世纪西方油画	129

3.2.1	巴洛克风格	129
3.2.2	洛可可风格	134
3.2.3	新古典主义	136
3.2.4	浪漫主义	137
3.2.5	现实主义	138
3.3	印象主义	143
3.3.1	印象派	143
3.3.2	新印象派	146
3.3.3	后印象派	146
3.4	20世纪现代派油画	154
3.4.1	马蒂斯与野兽派	155
3.4.2	毕加索与立体派	156
3.4.3	蒙德里安与新造型主义	158
3.4.4	达利与超现实主义	162
4	**书法篆刻**	**164**
4.1	字体演变与书法之美	165
4.1.1	字体演变	165
4.1.2	书法之美	170
4.2	书家书风	174
4.2.1	晋人韵致	174
4.2.2	唐人法度	177
4.2.3	癫张醉素	184
4.2.4	书卷意趣	188
4.2.5	回归古典	192
4.2.6	别具一格	194
4.3	篆刻艺术	197
参考文献		**202**
后记		**204**

艺术赏析
Appreciation of Art

Brief Introduction
概 述

1 概述

1.1 艺术的欣赏

> 喜欢就是欣赏，
> 欣赏是心灵无所为而为的玩索，
> 欣赏是对艺术的再创造，
> 共鸣是最佳欣赏状态。

"旧时王谢堂前燕，飞入寻常百姓家"。艺术这一词在现代已是家喻户晓，遍地开花。即使是没有学过艺术的人也或多或少的知道《蒙娜丽莎》的微笑、《向日葵》的热烈、《命运》的敲门声、罗马斗兽场的宏伟、《指环王》的惊天动地；以及那飘若游云、骄若惊龙的《兰亭序集》，字字珠玑的《滕王阁序》，林泉高致的《溪山行旅》……甚至许多人还能说出达·芬奇、凡高、毕加索、贝多芬、莫扎特、王羲之、李白、杜甫、齐白石等一长串艺术家的名字。在科技高度发达的今天，计算机网络等各种媒体使我们对艺术更是日有所见，夜有所闻，毫不陌生。

然而，艺术的神秘感并没有因它的名字常常被人提起而减弱。所谓"百姓日用而不知"。人们一旦和艺术短兵相接，往往不是泥牛入海一样的糊里糊涂，就是司空见惯之后的熟视无睹。人们对艺术的感受力并不会因为对它外在形式的熟悉而敏锐，反倒常常因为生活的快节奏而感觉麻木。艺术就像我们身边一个美丽的花园，我们天天经过却无暇进去散步，时时穿梭其间却无心驻足欣赏。这就像对一个人的了解，几个月的天天见面打招呼，就不及一小时专注地促膝谈心来得深刻。艺术是心灵与精神的产物，想要对艺术有深入的了解和欣赏，就必须专注地投入情感。只有用心灵去体味时，艺术才能把我们的灵魂带入美的境界。

对于艺术的欣赏我们首先要有一种闲适的心情与接纳艺术的胸怀。工业文明给我们带来了先进的物质基础，改善了人类的生存环境，使我们的生活五光十色，丰富多彩。也创造了有利的欣赏条件，使我们随时可以和艺术接触。然而工业文明、电子时代，同时也使我们的生活越来越机械化，简单重复的快节奏工作，使现代人身心疲惫而缺乏创造力，心灵日渐空虚枯躁。即使看戏，听音乐，观画展，搞收藏，由于心灵的浮喧，与艺术面对时也无法进入欣赏的状态。那么只有悠闲时，美的心灵才渐渐苏醒，想象的翅膀才能带上我们的思绪遨游艺境。

宋人罗大经在《鹤林玉露》中描写了一段"游于艺"的闲适生活：

"余家深山之中，每春夏之交，苔藓盈阶，落花满径，门无剥啄，花影参差，禽声上下。午睡初足，旋汲山泉，拾松枝，煮苦茗啜之；随意读《周易》，《国风》，《左氏传》，《离骚》，《太史公书》及陶杜诗，韩苏文数篇。从容步山径，抚松竹，与麛犊共偃息于长林丰草间，坐弄流泉，漱齿濯

图1 蓬莱松

　　学习其他学问，诸如数学，物理之类，多出一点心力，多花一点时间，就可以比别人成功。但是学习和欣赏艺术就不只是花时间和下功夫的事，如刚才所说我们必须先学会用情，用我们的感情和心灵去感悟艺术才行。艺术是精神的产品，"精神还仗精神觅"，会欣赏的人和艺术家一样都是多情善感的。丰子恺说，一棵树，我们对它有三种态度。第一，心中想这是什么树种，松树，柏树？这是谁种的，是属谁家的？这时候我们用的是心的"知识"方面；第二，心中想着这棵树能做什么家具，能做多少器具，什么时候采伐它，这时我们的所想，用的是心的"意志"方面；第三，心中全不想上述的事，而只是眺望树的姿态，觉得它是苍劲的，或是秀美的，是窈窕的，或是孤傲的。我们就把树拟人化（图1），精神化了，这时用的是心的"感情"方面。当我们常常用感情去看待一切时，艺术才能和我们发生关系。我们的生活才能像罗大经一样有情有趣。

　　例如，一个女子自己划船去采莲，采

足。既归竹窗下，则山妻稚子作笋蕨，供麦饭，欣然一饱；弄笔窗间，随大小作数十字。展所藏法帖墨迹画卷纵观之。兴到则吟《小诗》或草《玉露》一两段，再啜苦茗一杯。出步溪边，邂逅园翁溪友，问桑麻，说粳稻，量晴校雨，探节数时，相与剧谈一饷；归而倚杖柴门之下，则夕阳在山，紫绿万状，变换顷刻，恍可人目，牛背笛声。两两来归，而月印前溪矣。"

　　我们不难从罗大经随意读周易，从容步山径，欣然一饱饭，邂逅园溪友，兴到吟小诗的生活中看出他的闲适与快乐；也不难看出"深山之中，苔藓盈阶，落花满径，禽声上下，长林丰草，倚杖紫门，夕阳在山，牛背笛声，月印前溪。"的自然美景与作者心灵的契合，以及读离骚，习书法，玩墨迹画卷，草《玉露》，啜苦茗等艺术活动与艺术趣味是对他生活的滋养。读此文如同在欣赏一首优美和谐的田园乐章。而这样的和谐优美正是由悠闲、自然和艺术贯穿起来的。悠闲时艺术才和我们拥抱。

到落日才回来。本来是一件寻常的辛苦事,但我们不必这样老老实实看待,不妨换一种想法,把花、月看作人,拟人化,想象它们都同采莲女相亲爱,便得诗如下:

"来时浦口花迎入,采罢江头月送归。"

这迎来送往地,便把一件寻常事变得富有生趣了。现实忽然美化了,艺术使生活有味起来。又如:两个人将要离别,在蜡烛下谈到深夜,也是一件寻常事。但我们也可以换一种想法与看法:

"蜡烛有心还惜别,替人垂泪到天明。"

又如:一个人坐在深山中的草庵里,独自喝茶。这是简单、枯燥、寂寞之极的事了。但诗人却能这样看:

"春山个个伸头看,看我庵中吃苦茶。"

再如:一个人独行荒山之中。只有一只白色小鸟飞来叫了几声,其余没事。也可谓是简单、枯燥、寂寞之至的事了。但诗人却能如此说:

"青山不识我姓氏,我亦不知青山名;
飞来白鸟似相识,对我对山三两声。"

以上四例就是艺术家投入了自己的主观感情,把无情的物当成有情的人看,才产生了艺术的效果。而杜甫的"感时花溅泪,恨别鸟惊心"就更夸张地表现了情感的物我交割和转换这一艺术特性。学会用情就相当于获得了一张通往艺术殿堂的通行证。

对于艺术的欣赏和感受我们主要用视觉、听觉和触觉。然而真正领略艺术魅力的是隐藏在眼睛、耳朵和手后面的心灵。我们欣赏与其说是用眼睛看,不如说是用心

图2 南瓜壶与紫砂杯

图3 紫砂壶

在看;与其说用耳朵听,不如说是用心灵在听。艺术的欣赏正是一种心灵上无所为而为的玩索。

一只茶杯,我们看见后只想这是盛茶的器皿,我是什么时候,多少钱买的等等,如果只考虑到实用的话就无法欣赏。我们必须静静地观察茶杯,看它的形状如何,色彩如何,姿态如何,花纹如何,细细地品味它的形、色、姿、貌,从中感到一丝玩味的兴趣来,才是欣赏(图2,图3)。

一把椅子,我们不能只想这是什么木头做的?应该放在书房?是不是结实?是不是名贵之类的问题,就无法获得欣赏的乐趣。而静静地观赏椅子的比例、形状、线条、色彩、造型、姿势。看到比例的和谐,线条的流畅,姿势的优美,并从此而引发

图4 清式椅

图5 现代椅

联想与想象,才能从中获得美的熏陶(图4,图5)。

一种声音,我们只问这是什么声音。是叫卖声?是风声?听见一段音乐只关心这是什么歌,什么意思。那就无法欣赏到音乐的妙处,而必须在听音乐的内容之外,又体会其声音的高低、强弱、长短、缓急、腔调。从中品味节奏、和声、旋律的美和声腔的韵味,才能使我们的情感受到音乐的感染。

传说孔子有一天立在堂上,听见外面有一种哭声,非常悲伤。孔子就拿琴来学,其琴声的腔调和哭声相同。弹完后听见有人叹,问是谁,原来是颜渊。孔子问颜渊为何叹,颜说:"我听见外面有人哭,声音很悲伤。不但是哭死别,还哭生离。"孔子说:"你何以知道?"颜渊说:"因为它像完山之鸟的鸣声。"孔子问:"完山之鸟的鸣声又怎样?"颜渊说:"完山之鸟有四个儿子,羽翼已经长成将要分飞到四海去。母亲送离它们,鸣声极其悲哀。因为它们是一去不复返的。"孔子于是差人问外面哭的人。哭的人说:"丈夫死了,家里很穷,将卖掉儿子来葬夫,现在同儿子分别。"于是孔子赞颜渊的聪敏。这个故事说明声音的本身在无字的情况下,完全能够细腻地表现感情。而那些能在纯粹的声音中听出一种情味,一种情感的人,也正是用自己的心灵与情感去品味才能实现的。颜渊是真正的欣赏者。

对于艺术的欣赏我们还必须有一定的生活基础和艺术修养,生活基础与艺术修养不是每个人与生俱有的,而是逐渐地积累的。如果颜渊没有听过完山之鸟的鸣声这一生活的基础,就无法通过联想把哭声和完山之鸟的鸣声相联系,而把握住音乐的内涵。东汉大名士蔡邕去拜访朋友,走在帐外,听见帐内传来琴声,蔡邕从琴声中听出了杀伐之音,于是转身而归,改日

图6 吕德《马赛曲》

再访。再访时就问起前日琴声的事,朋友说他弹琴时看见梁上一螳螂正欲扑蝉,故而琴声激紧操切。从故事中我们可以看出弹琴者眼见螳螂扑蝉之景,而动于心,心动则琴声变化,音乐就变成一个激紧操切的紧张氛围。蔡邕有很深的音乐修养,故就能从中听出杀伐之心,而转身离去。音乐在表现感情和展现内心世界时就像一个情感的偷窃者,会毫不保留地将真实的内心,忠诚地展现或暴露出来。当约翰·克利斯朵夫让自己的朋友奥利弗·耶南给自己随便弹点什么时,奥利弗尽管半生不熟地弹起莫扎特的曲子,却不知不觉在莫扎特中流淌着自己纯洁高贵的、诗一般忧郁的品质。而他面对的则是一个音乐修养很深的音乐家克里斯朵夫。一首曲子弹完,使他们成为知己。

拥有一定的生活经验与审美修养,便于我们在欣赏艺术时更好的联想与想象。欣赏过程除了投入我们主观的情感外,联想与想象是不可或缺的。罗丹在谈到自己的审美经验时说:每当他看到巴黎凯旋门墙上吕德的群雕《马赛曲》时,就好像听到了那个展开双翼飞驰而过的自由之神,在发出震耳欲聋的呼喊:"武装起来,公民们!""经她号召,战士纷纷前来"。其中"一个有着狮子般髭须的高卢人挥动着他的帽子,好像在向女神致敬。现在你瞧,他的小儿子要求和他同去:'我已经够强壮了,我是一个男人,我要去打仗!'孩子紧握剑柄,好像这样说。'来吧'父亲说。他用骄傲的慈爱望着他的儿子。"而"一个号兵向队伍吹出激昂的号音。旗帜在大风里飘扬,枪矛一齐簇列在前面。信号已经发出,战斗已经展开了。"雕刻是一种静止的艺术,表现的只是静止的一瞬间。如果罗丹在欣赏时没有加上自己的想象与联想的话,怎么会听见震耳欲聋的呼喊和战士纷纷前来的动感呢。只有自己面对艺术作品充分展开相关内容的想象时,《马赛曲》的艺术力量才大大地震撼我们的心灵(图6)。

戏曲舞台上,"三五步行遍天下,六七人百万雄兵","一个圆场千万里,一支曲牌五更天",如果离开了观众的想象与联想就变成子虚乌有了。《夫妻观灯》台上只有夫妻两人,既无灯,也无群众。但通过演员观灯的种种身段,诱导观众的联想与想象,使人觉得眼前好像出现了华灯万盏,人声如潮的热闹场面。《三岔口》里表现夜斗,舞台上却如白昼一样。但是通过演员的动作与摸黑的神情,引发观众通过联想与想象体味黑夜相斗的生动趣味。王国维在《人间词话》里写道"'红杏枝头春意闹',着一闹字而境界全出。""境界"只有在读者的联想与想象下才能"全出"。

高妙的艺术作品常常留下不少虚无空

白的地方，让欣赏者去浮想联翩。中国画的空白，音乐的停顿，文字的虚写，电影的空镜头等正体现着言有尽而意无穷的艺术魅力，使人通过遐想回味那无声胜有声、无形胜有形的弦外之音。正所谓"不着一字，尽得风流"，"无画处，皆成妙境"。想象能带我们走进艺术的妙境。

不同的人生历程与个性，就形成不同层次的爱好与审美观念。艺术的欣赏，都是一次结合自己主观个性的再创造。由于思想意识及审美追求的差别，有人喜爱壮美，有人追求优美，有人醉心于华美。还有人以纯朴为美，以奔放为美，以奇巧为美。刘勰在《文心雕龙》的《知音》篇中说："慷慨者逆声（听到悲壮的乐声）而击节（赞赏不已），蕴藉者见密（读到含蓄的作品）而高蹈（手舞足蹈）；浮慧者观绮（观赏华丽的篇章）而跃心（兴高采烈），爱奇者闻诡（接触到新奇的作品）而惊听（感奋起来）。"每个人的个性气质决定了它对美感的把握。所谓"情人眼里出西施"，"一千个读者就会有一千个哈姆雷特。"

但这并不是说我们可以根据自己主观的情感随意解释艺术家的作品，而是要在接受和理解艺术家思想的基础上去丰富和发展它，使我们的思想感情与之相印而互移。欣赏的最佳境界是我们的心灵与艺术的精神契合而共鸣。"共鸣"是物理学上的概念，两种振动相同的物体，其中一个振动也会带着靠近它的另一个振动起来。而艺术作品之所以能产生共鸣，在于欣赏者与创造者有相同或相类似的生活经验和人生境遇，或者说在思想意识和审美追求上有相通之处。我们来看图中所示：

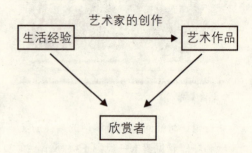

人类无论是创作者还是欣赏者，在长期的社会生活中，都形成了某些共性（像民族自豪感；对真善美的追求；纯洁的精神等等）。而艺术的创造来源于生活和传统文化。艺术的欣赏趣味也源于个人的生活经验和意识。艺术家和欣赏者生活在同一个蓝天下，拥有共同的传统，自然有共鸣的基础。

鲁迅先生曾说："但看别人的作品，也很有难处，就是经验不同，即不能心心相印。所以常有极要紧，极精彩处，而读者不能感到，后来自己经验了类似的事，这才了然起来。"生活经验的不同，就不能与作品心心相印，经历了类似的事才了然共鸣！白居易听了流落浔阳江头商人妇的琵琶曲后，眼泪比座中人流得都多，以致湿透了身上的青衣。就是因为他与商人妇"同是天涯沦落人"，有着某些相似的生活遭遇，同命相连而引起情感的共鸣。

欣赏者与创作者能产生思想上的共鸣就说明两者具备同等的思想境界和类似的审美追求。而艺术家的伟大之处就在于，

ONE

他能把这一思想境界表现出来，成为创造者。大凡优秀的艺术家总能把握住时代的精神、民族的精神和人类普遍意义的永恒精神。俞伯牙、钟子期高山流水觅知音，巍巍乎志在高山，徜徜乎意在流水。这里作曲家不是去模拟流水的声响和高山的形状，而是创造旋律来表达高山流水所唤起的高尚情操和深刻思考。常建《江上琴兴》："江上调玉琴，一弦一清心，冷冷七弦遍，万木澄幽阴。能使江月白，又令江水深……"这里的"能使江月白，又令江水深"，不是江月的白，江水的深，而是听者思想意识体验的深邃与心灵境界的纯净。那么我们对于书法的欣赏也就不能只局限于对字形结构的夸赞，而更多的是应去感受字里行间所传递出来的精神气质与文化韵味。精神上的共鸣大概就是欣赏与创造的完美境界。

艺术的欣赏是长期的日积月累与潜移默化的过程，其效果不像学习其他知识那样立竿见影，而是一种不知不觉日渐丰厚的人生修养。天长地久之后必然会自然而然地被文所化。所谓"文能换质"。

1.2 艺术的创造

艺术是表现美的。诗是美的，画是美的，春天是美的。诗画是艺术的美，春天是自然的美。大自然的造化使我们拥有白昼与黑夜的交替，有凉爽静谧的夜间，有暖和忙碌的白天。有清晨的空气与阳光，有黄昏的晚霞与迷雾。有春夏秋冬的递变，有12个月的循环，有春天的细雨，夏日的清风，秋日的皓月，冬日的白雪；有盛开的鲜花和成熟的果实，有云雀清丽的歌唱、骏马矫健的身姿；还有壮丽的崇山峻岭、江河湖海。大自然的万物生灵，山川大地，一草一木，一花一叶，都蕴含着美。

美无时不刻不存在于大自然的每个角落。所以毕加索说："美在于发现。"艺术美首先是艺术家对这些风花雪月、昼夜朝暮、春夏秋冬、山水云霞、阴晴雨露等自然美的发现感知，然后幽思妙悟，通过性灵才情创造性地表现出来，成为更集中，更典型，更强烈的美。

郭六芳《舟还长沙》说：

侬家家住两湖东，十二珠帘夕照红；
今日忽从江上望，始知家在画图中。

这首诗正是说出了她对美的发现过程。"十二珠帘夕照红"是自然美的展现，当作者主观审美（心灵）与客观美（自然）的存在发生碰撞时，产生火花，灵融升华为艺术美。而这一艺术美的外现形式就是诗。如果不是诗的话就会是音乐，抑或是绘画等等。

一片落红，秋风一拂，左摇右曳地投向大地与溪流。回旋婉转，翩然起舞。

或蓝天淡淡，浮云像棉花团似的缓缓地展开，又拉成细细的丝，继而起伏回旋如海浪波涛，汹涌奇崛，又刹然平寂。

或皎然皓月，挂于柳梢，人们散步于竹径花丛，时有夜来香、幽兰、茉莉的香味袭来，惠风荡漾，阵阵花香。

或千里冰封，万里雪飘，古城头煮茶卧雪，石桥上踏雪寻梅。银装素裹，大音稀声时，缅怀古贤而思接千载。落雪虽然无声，心灵却有节奏。

或日落西山黄昏后，林荫道上，一对美丽的身影隐约而迷朦地消失在被夕阳染成金黄的地平线上。远处笛声悠扬，依稀可辨。时有放羊老汉的两声高腔惊起落鸦无数，撒向云霞。

这自然界的落花流水、云卷云舒、春风秋月、白雪彩霞不是被贝多芬、肖邦、柴科夫斯基等化做优美的乐曲，就是被陶渊明、王维、苏东坡等变成美妙的诗文，或是被范宽、李成、柯罗、莫奈等人画作迷人的图画……艺术家对于自然美的发掘与感觉总是超出常人的，因而他们能成为美的创造者。

自然世界和人类生活是艺术创作的源泉。艺术不但表现自然美，也喜欢表现人生境界和精神情感。艺术是人类的一种创作性技能，它创造出一种具体客观的感觉对象，这个对象能引起我们精神界愉悦，并有悠久的价值。对艺术家而言，艺术是艺术家个人精神、理想、情感的具体化、客观化，是内在精神的外貌，所谓的自我表现。因此艺术的创作不仅仅是以实用为目的，而在更高层次上是一种人类精神自我实现的需要，从纯艺术的角度来看她是纯粹精神意义的。

弘一法师把人生的追求分为三种境界。一是物质境界，二是精神境界，三是灵魂的境界。而艺术和宗教境界正是建立在物质和精神之上的灵魂境界。宗白华在《美学散步》中把人的意境分为五种：为满足生理的物质需要而有功利境界；因人群共存互爱的关系而有伦理境界；因人群组合互制的关系而有政治境界；因穷研物理追求智慧而有学术境界；因欲返本归真，冥和天人而有宗教境界。功利境界主于利，伦理境界主于爱，政治境界主于权，学术境界主于真，宗教境界主于神。介于学术境界和宗教境界之间的艺术境界，以宇宙人生的具体为对象，赏玩它的色相、秩序与和谐，借以窥见自我，反映最深心灵。艺术境界主于美。

艺术的左邻是哲学，右舍是宗教，艺术是人类精神的追求和生命的创造。不敢想象一个没有创造的人生是多么的空虚无聊，枯燥乏味。人类不断地通过艺术创造来得到精神的充实和生命价值的实现。叔本华指出"痛苦和无聊是人生的两大基本因素，而人生则是在痛苦与无聊之间摆动的钟摆。生命的欲求是无止境的，当一个人的欲求得不到满足时就产生痛苦。普通人认为欲望满足后就不再痛苦，然而空虚无聊便会立刻袭来。为了消除无聊就产生了新的欲求，又进入到无边的痛苦轮回。要摆脱无聊痛苦，就得摆脱欲求的奴役。对于个人则偏于消极，但艺术却是可以和谐人生。因此艺术也成为解脱痛苦和超越人生的心灵慰藉。创造艺术的艺术家估定事物的价值全以它是否能纳入生命的和谐为标准。他能看重一般人所看轻的，也能看轻一般人所看重的。在看轻一件事物时，他知道摆脱；在看重一件事物时，他知道执着。在某种意义上，人生更像艺术，每个人的生命史就是他的作品。在这个作品中，人们探索着人与自然的和谐，人与社会的和谐。

艺术家的人生经历和精神追求决定了艺术创作的风格。风格即人，不同的个性气质形成不同的艺术风格，所谓艺如其人。安格尔倾向于冷静严肃，表现在艺术上则是崇尚古希腊、古罗马的表现形式，重视线条，追求严肃完整的构图，注意完美的造型和雕塑般静穆的古典气氛。而德拉克洛瓦趋向于热情奔放，表现在艺术风格上则是采取自然生动的表现形式，充满动感的构图，以人类斗争历史为题材，表现热情洋溢的人物个性，运用绚烂炽热的色彩和奔放有力的笔触，形成强烈紧张的画面气氛。文艺复兴时期，拉斐尔和米开朗琪罗的性格迥异就造成不同的艺术面貌，形成不同的审美风格。米开朗琪罗表现出的是阳刚大气的壮美，而拉斐尔表现的则是缠绵悱恻的优美，此皆气质使然。

艺术家的艺术风格不是一成不变的。由于人生遭遇的变化，思想感情的发展，艺术表现的成熟，艺术修养的丰富，都使艺术家在不同时期产生不同特点的艺术品。莎士比亚前期的作品具有明朗愉快的色彩，而后期作品都有凝重沉郁的情调。但是他的风格仍然是统一在艳丽不失自然，雄伟包含优美的特色之中。毕加索的生活经历、情感世界、艺术追求，一生之中变化比较大，所以他的艺术就经历了蓝色时期、玫瑰色时期、黑人时期、立体时期、牧歌时期等等。然而他的成就却以立体主义为著，而被称为立体派。伟大的艺术作品总是具有独特风格特征。这是由艺术家强烈而鲜明的个性孕育出来的。贝多芬一听就是贝多芬，梵高一眼便知是梵高。在这些大师级的艺术家身上，艺术则代表了他的全部。

艺术的创作除了展现全部的个性精神外，还充分地表现着时代的精神。生活是艺术创作的基础，一个时代的生活方式决定了这时代的意识形态。意识形态决定着艺术精神。时代的矛盾也是艺术的矛盾，人生的和谐也是艺术的和谐。伟大的艺术家总是能够敏锐地把握住时代的精神，在自己的作品上打上时代的烙印。所以只有在魏晋时期才能出现《兰亭序》，只有在文艺复兴时期才能出现达·芬奇；只有五四时期才有鲁迅；只有在工业文明和农业文明的强烈冲突中人们才能和德沃夏克的《新大陆交响曲》产生很大的共鸣。时代创造着艺术。

艺术的创造还处处突现出民族性。一个民族的地域风采、传统习惯、文化精神等长久地构成文艺创作的平台，往往在艺术作品中处处流露着民族的气息。当一首乐曲从艺术家的指尖流出的时候，我们便可以猜出他的国籍。《培尔金特》浓郁的北欧风情，爵士乐独特的美国情调。一个民族的文化艺术很大程度上代表着一个民族的风情气质而成为国际通用语言，我们能从艺术中发现这个民族的深层灵魂。俄罗斯芭蕾的高贵优美；苏格兰风笛的浪漫抒情；中华民族则在琴棋书画中展示着微妙、儒雅的东方韵致。

毕竟艺术创造的主角还是艺术家。艺术家决定着艺术的内容并创造着艺术形式，最终赋予艺术以生命。他或是用自己的画笔去揭示蕴于万物中的美韵，或是用一个个音符记录下心灵与宇宙交融的生命节奏。要么在虚空与充实之间感悟花开花落、春去春来；要么在灵魂交汇中体味世间的喜怒哀乐、酸甜苦辣。他们不是借物抒怀就是融情于物。他们能像世间的精灵一样来往于现实界和理想国，穿梭于物的世界与神的境界。他们勤奋工作为现世灵魂搭建着通往美丽世界的七彩虹桥。

他们之所以能神游于宇宙大化之中，构建奇妙的艺术胜境，一半儿是他们具有天才的创造力，一半儿是他们勤奋执着。宗白华说："艺术创造的能力乃根于天成，虽然受理性学识的指导与扩充，但不是由学术所能造成或完满的。"艺术的创造往往是天才自然冲动的结果。那些顶尖的艺术大师首先是天生就有创造才能的人，他们有着非凡的悟性与才情。虽然艺术的创造离开超人的悟性与才情是万万不行的，但是艺术的创造也不仅仅是靠灵光一现就可以实现的。它还需要艺术家诸多方面的修养。如果把天生之才比作是鱼的话，后天的修养则就是水。神童与天才少年的频频夭折已司空见惯，那都是后天缺水的缘故。当生活经验、知识沉淀、技法修炼到一定广度与深度时，创造的灵感自会处处涌现，左右逢源。海阔凭鱼跃。

艺术的创作冲动大多来源对于生活与自然的真切感悟。因此体验生活就成了艺术家的第一道作业题。象牙塔里的闭门造车不是才思渐渐枯竭，就是艺术平常凡庸。而对于生活的深入正是要拿出"搜尽奇峰打草稿"（石涛），"语不惊人死不休"（杜甫）的精神。范宽之所以成为山水画的巨匠，与他终年游冶于太华终南自然山水中的生活体验有关。他"舍其旧习，卜居于终南太华岩隈林麓之间，""常危坐终日，纵目四顾，以求其趣，虽雪月之际必徘徊凝览以发思虑……"像这样深入地体会自然山水，必然能创作出绝妙的山水画。老舍之所以能绘声绘色地描写大杂院，因为他住过大杂院，之所以能栩栩如生地描写洋车夫，因为他的许多朋友是以拉车为生的。而卓别林在青少年时代由于家境的贫困，经常过着流浪儿的生活，对贫民窟的生活有切身的感受，对工人的境况十分熟悉和同情。因而才能创演出著名的《摩登时代》。

对于生活的体验不能像现在一些艺术家一样，背起照相机，在大千世界浮光掠影似地走一遍就行了。而是一定要深入到生活的本质里去，体味真切的感受，表现生活的"真性情"。

如果生活修养是艺术家的第一道作业，那么艺术家的第二道作业就是学识的修养。艺术家具有广博的知识，见多而识远，"会当凌绝顶，一览众山小"。在创造上厚积薄发，博学约取，才能创作出经典作品。历史上优秀的艺术家无不是学识渊博，多才多艺。达·芬奇是自然科学家、工程师、机械学家，更是一位杰出的画家；米开朗琪罗不仅是雕刻家、画家，还是建筑师。如果曹雪芹没有广博的知识，他就不可能在《红楼梦》中描写关于诗词歌赋、工艺美术、建筑园艺、医药烹调，以至农业方面的内容。

对于人类传统文化的学习，便于提高艺术家的审美水平和艺术素质。而对于各类艺术的学习，可以使艺术家触类旁通，获得举一反三、事半功倍的效果。意大利著名的电影演员吉娜·劳洛勃丽吉达，以卓越的才能塑造了许多性格鲜明的银幕形象，尤其是《巴黎圣母院》中的艾丝梅拉达。她之所以获誉世界影坛，与她多才多艺，对各类艺术都较深的造诣分不开。她学习舞蹈，舞姿优美，技艺娴熟；她学习绘画，曾以卖画为生；她是一位摄影艺术家，曾举办过多次摄影展并出版了摄影集；她是一位音乐爱好者，歌喉委婉动听；此外她还做过制片人兼导演，在拍完最后一部影片告别银幕后，她又以自己的经历和生活为素材从事小说创作。

艺术创作的才华大多来源于生活经验与艺术素质。而艺术创造的实现，却必须依赖于表现技巧的熟练。如果说具有深厚的生活经验与文化学养，而不具有艺术的表现手段的话，那只能作欣赏者，或是艺术评论家，而不能成为创作者。艺术家首先是一个艺人，是一个活儿做得很漂亮的手艺人。朱光潜曾说："凡是艺术家都须一半是诗人，一半是匠人。他要有诗人的妙悟，要有匠人的手腕。"艺术家正是以匠人的手腕显示出了自己的思想、学养和人格。艺术表现的基本功是需要长期训练的，拳不离手，曲不离口，夏练三伏，冬练三九，所谓"台上三分钟，台下十年功"。王羲之没有"临池学书，池水为墨"的工夫是不会成为书圣的。

艺术的表现技巧是一种语言，普通人正是因为没有掌握这门语言而无法将心中美的世界表达出来，所以才有"茶壶装饺子，有口倒不出"的遗憾。而艺术家正是靠高超卓绝的技术将心灵中的真善美表现出来。

我常把学识的修养称作"练心"，把表现技巧的训练称为"练手"。练心与练手不可偏废，像武侠小说中一样，剑术的演练与内功的修为总是要结合起来，内外双修。艺术创作的自由境界正是艺术家心摹手追，心手相师，十年磨一剑的结果。所谓"智者创物，能者述焉！"　　（苏轼语）

1.3　艺术的门类及其联系

艺术的门类林林总总，大体上可以分为绘画、雕塑、书法、金石篆刻、工艺、建筑、摄影、文学、音乐、戏剧、电影、舞蹈十二类。由于我们感受艺术的器官以视觉（眼睛）、听觉（耳朵）为主，故而以上的艺术门类也可分为三大类：1.视觉艺术：绘画、雕塑、书法篆刻、工艺、建筑、摄影；2.听觉艺术：音乐、文学；3.既用听觉也用视觉的综合艺术,像舞蹈、电影、戏剧。还有一种称法,视觉艺术因为必须在空间中表现,故又可称为"空间艺术";听觉艺术因为必须在时间的经过中表现,故又可称为"时间艺术";又占空间,又历时间的则称为综合艺术。

艺术门类的分法仁者见仁,智者见智,却都是为方便艺术的研究而为的。传统艺术的分类在现代艺术及后现代艺术中已逐渐地边缘模糊,你中有我,我中有你了。艺术门类的区别则缘于艺术表现形式的不同,然而艺术的表现毕竟是以人类普遍感情为基础的。各类艺术从外在形式到内在情思总有着千丝万缕的联系。会看书的人,则书无处不在,和一个人交往如同在读一本书,看一处美景如同在读一篇美文,看画如同读诗,听一段音乐如看一段散文;会听音乐的人则处处有音乐,看山水画如听高山流水,游江南园林如在音乐中散步,观览建筑也能品味其音乐的节奏与秩序……只有那些具备艺术通感的人才能真正地实现"游于艺"的人生美境。

舒曼说:"有教养的音乐家能从拉斐尔的圣母像得到不少启发。同样,美术家也可以从莫扎特的交响曲获益不浅,不仅如此,对于雕塑家来说每个演员都是静止不动的雕像,对于演员来说,雕塑家的作品何尝不是活跃的人物?在一个美术家的心目中,诗歌都变成了图画,而音乐家则善于把图画用声音体现出来。"

可不是吗?西方的艺术缘于希腊,希腊的雕塑与建筑影响着后来的绘画。绘画又装饰着建筑,建筑又决定着音乐的发展。后来就是鸡生蛋,蛋生鸡,互相影响了。而中国的艺术则无不和书画有着密切的联系,那些无法留下来的音乐、舞蹈都凝结在书法动荡起伏的线条与轻重缓急的节奏之中。以书法用笔为基础的中国画,也就成为可以和德国音乐、希腊雕塑三足鼎峙的中国艺术之集大成者。

"诗情画意"是对绘画与诗之间关系的简练概括。很早人们就将诗称为"有声画",而将画称为"无声诗"了。而苏东坡在《书摩诘〈蓝田烟雨图〉》的题跋中写道"味摩诘之诗,诗中有画,观摩诘之画,画中有诗",就更写出了"诗画本一律"的关系。王维的时代还没有在画上题诗的习惯,而他的"画中有诗"则完全是绘画内在上对自然诗意化的表现,作画如作诗,作诗亦如作画,诗之情即画之意也。当宋徽宗赵佶在自己的画作《芙蓉锦鸡图》上题上"山禽矜逸态,梅粉弄轻柔。已有丹青约,千秋指白头"的诗时,中国画与中国诗就不单单是内在情思的一致,而在外在形式上也恰到好处地结合了,形成诗书画印融为一体的独特的绘画形式。

中国画不仅与诗有密切的联系,与书法也密不可分。南齐谢赫"六法论"中的"骨法用笔",即要求绘画要以书法用笔。书画是同源的,绘画中线条的一波三折,就是书法的一波三折。元代大画家赵孟頫力主书法入画:"石如飞白木如籀,写竹还须八法通。若也有人能会此,须知书画本来同。"诗中就明确地提出了写竹之法即作画之法。中国诗画互相影响，密切结合，处处相提并论，可谓书画不分家。

而中国的书法则又蕴涵着舞蹈的节奏与动态，这一舞蹈的节奏动态虽然不是通过身体直接的手舞足蹈，却在心灵中自然地舞蹈起来，并通过一管之笔借了文字的线条结构，现于纸上。草圣张旭正是观公孙大娘的剑器舞之后，从舞蹈的气势、动态中体悟到线条的动荡变化而草书大进。从某种意义上讲书法就是书法家心灵的舞蹈。

舞蹈与音乐之密切犹如书法与国画。很少见没有音乐的舞蹈，唐代《乐府杂录》中说："舞者，乐之容也。"则是把舞蹈比做音乐的容貌。而在民间也有称舞蹈为"跳乐的"，人们常常会随着音乐的节奏旋律，自然而然手之舞之，足之蹈之。《乐记·乐象》篇说："德者，性之端也。乐者，德之华也。金石丝竹乐之器也。诗，言其志也，歌，咏其声也，舞，动其容也。三者本于心，然后乐器从之……"音乐舞蹈之所以相通而紧密联系，因为它们都有节奏，都直接表达感情，都"本于心"。从《乐象》篇的描述也不难看到诗、歌、舞、乐四者的相互渗透组成四位一体的艺术世界。

诗与歌之间，诗本来就是歌之词。《诗经》也就是春秋时期的诗歌集，唐诗宋词在当时也是吟诵咏唱的，只是我们现在无法得知其调式而矣。诗歌的音乐性是不言而喻的。诗常可歌，歌常伴乐，它们都是时间的艺术，诗与歌所使用的一部分媒介是相同的。音乐用声音，诗用语言（声音则又是语言的一个重要部分）。歌与乐的共同命脉就是节奏。音乐以声音的节奏和音调而达到和谐。诗也以语言的音韵与平仄产生韵律。

佩特在《文艺复兴论》里说："一切艺术都以逼近音乐为指归"，一切文艺中都蕴涵了人类生命的节奏，都或多或少地具备音乐性。在19世纪初德国浪漫派文学家口里流传着一句话："建筑是凝固的音乐。"据说第一个说此话的人是哲学家谢林，歌德认为这是一个美丽的思想，而将这句话引到中国的是梁思成。将音乐和建筑联系到一起的是数字，不论是"流动的建筑"还是"凝固的音乐"，它们的内部都有着严整的数的比例与秩序。

古希腊传说着歌者奥尔菲斯的故事：

歌者奥尔菲斯，他是首先给予木石名号的人。他凭借着名号催眠了它们，使它们像着了魔，解脱了自己追随他走。他走到一块空旷的地方，弹起了他的七弦琴来，这空场上竟涌现出了一个市场。音乐演奏完了，旋律和节奏都凝固住不散，表现在市场建筑里。市民们在这个由音乐凝成的城市里来往散步，周旋在永恒的旋律之中。

歌德在谈到这段神话时曾经指出人们在罗马圣彼得大教堂里散步时也会有同样的经验。会觉得自己游泳在石柱林的乐奏享受中。我们可以从雅典卫城帕提农神庙的廊柱中感觉到音乐的秩序与节奏，明净与空透。"'音乐是流动着的建筑'无非是说音乐在时间里流逝不停的演奏着，但他们内部却都具有极严整的形式、间架和结构，依顺着和声、节奏、旋律的规律，像

图 7 意大利 米兰大教堂

座建筑物那样,它里面有数的比例"(宗白华语)(图 7)。

法国诗人梵乐希记述了一位建筑师和他的朋友费得诺斯在郊原散步时的谈话:

他对费得诺斯说:"听啊,费得诺斯,这个小庙离这里几步路。我替赫尔墨斯建造的,假使你知道它对我的意义是什么?当过路的人看见它,不外是一个丰姿卓绝的小庙——一件小东西,四根石柱在一单纯的体式中——我在它里面却寄寓着我生命里一个光明的日子的回忆。啊,甜蜜不变的变化呀!这个窈窕的小庙宇,没有人想到,它是一个珂玲斯女郎的造像呀!这个我曾幸福的恋爱着的女郎,这个小庙很忠实的复示着她的身体的特殊的比例。它为我活着。我寄寓它的,它回赐给我。"费得诺斯说:"怪不得它有这般不可思议的窈窕呢!人在它里面真能感觉到一个人格的存在,一个女子的奇花初放,一个可爱的人儿的音乐的和谐。它唤醒一个不能达到边缘的回忆。而这个造型的开始——它的完成是你所占有的——已经足够解放心灵同时惊撼着它。倘使我放肆的想象,我就要,你晓得,把它唤做一阕新婚的歌。里面夹着清亮的笛声,我现在已听到它在我内心升起来了。"

这个故事表现了一个有着美妙比例的少女,她那窈窕的身姿如何在她的爱人(建筑师)的手里实现成为一座希腊的小庙宇。而这个云石小建筑的四根石柱,浸透出人体般微妙的数字关系,传递出少女的幽姿,并散发着音乐的清韵,使人能从中感受到活生生的人的节奏、韵律,想象成一阕新婚的歌曲,并联想到清脆的笛声

ONE

宛然萦耳。这一小庙蕴含着人体的美，雕塑的美，音乐的美，建筑的美，同时它又是伟大爱情的化身而充满爱意。艺术家把他梦寐中的爱人永远凝结在这不朽的建筑里。就像印度的夏吉汗为纪念他美丽的爱妻建造了那座闻名世界的泰姬陵。

雕塑与建筑一开始几乎就是一回事，希腊神殿的柱子就是人体雕塑，浮雕就是建筑的墙面。雕塑不是在室内成为建筑的一部分，就是在室外和建筑呼应，而成为不可分割的有机构成。建筑是放大了的雕塑，雕塑又是缩小了的建筑。建筑远看可以当雕塑欣赏，雕塑走进去就可以当建筑领略。美国的自由女神像，就很难绝对地称其为建筑或是雕塑。远看她是一自由女神之雕像，然而实质却是一个有空间的建筑，人可以从内部登上，在火炬上就可以容纳十二个人。而近现代的雕塑与建筑之间界限就更为模糊难分。埃菲尔铁塔完全是一座空透的钢架结构，建筑乎？雕塑乎？似乎都可以。

雕塑与绘画自然是相联系的，西方的油画，特别是文艺复兴的绘画，完全以古希腊人像、人体雕刻的立体效果为追求，在平面的画布上追求着三维立体的雕塑效果与光影。可以说古希腊的雕刻影响了西方绘画的发展。相反，在中国则是绘画影响了雕塑的发展。中国的绘画以线条表现人物神韵为长。魏晋之后，雕塑也就越来越线条化，注重神韵而轻视体面，而且从雕塑的发展中可以看到绘画的流变。

如舒曼所言，雕塑与舞蹈也是相通的。雕塑是静止的舞蹈，舞蹈是流动的雕塑。雕塑中包含着舞蹈的造型、动势、线条、节奏和姿韵。雕塑与书法的内涵也是相通的，因为书法的表现包含了文字的结构、动势、力度、线条、节奏和姿韵。绘画与音乐之间也互相关联。绘画的音乐性不但表现在一波三折的用笔节奏；变化起伏的轮廓曲线；五彩纷呈的色彩秩序；远近强弱的景物层次；还表现在画面景物气氛所传递出的音乐情调上。一幅画可以当一首音乐去欣赏。在艺术门类中，每一门艺术中都含有文学性。有的艺术还是以文学为表现内容，像影视与戏剧，都是以一定的故事内容为线索的。总而言之，各类艺术都在人类情感的共同基础上有着相同之处。

以上我说的仅仅是艺术内部的相通与审美情感可以相转化的地方。艺术的关联还有许多外部形式直接相结合的地方。像戏剧就是音乐、舞蹈、说唱与故事的结合体；电影就是音乐、摄影、文学、表演的结合体；歌曲就是音乐与文学的结合体；木偶、皮影就是美术与戏剧的结合体……艺术很难有独立存在的，就连被誉为纯艺术的音乐与绘画，也常常离不开文字的题名。尽管艺术从审美内涵到外部形式都具有割舍不断的联系，可是毕竟每门艺术都有它独立存在不可替代的价值。我们重视艺术的联系，是为了在欣赏艺术时通过联系与比较更大程度地引起我们审美层的通感，与艺术产生情感的共鸣。

艺术赏析
Appreciation of Art

Chinese Painting
国　画

2 国画

2.1 中国画的特点

2.1.1 线条的表现

和西洋油画追求立体块面不同的是中国画偏于平面与线条。西洋油画源于对希腊雕刻的模仿最终走向立体、块面、空间、比例、整体与和谐的审美,而中国画源于对彩陶与青铜器上的龙凤纹样的继承最终发展为以线条、气势、节奏、传神以及韵致为追求的审美。中国画审美气质的形成无疑源于中国画对事物线条化的表现。

原始彩陶构成了一个线与形的多彩世界。不管它是装饰美的追求,或是神灵图腾的表现,在那形形色色的陶体上,我们的先祖通过黑白线条的律动和几何纹样的交织记录着他们的生活,表现着他们的情感。这种没有经过先秦哲学理性过滤的情感,趋于热情、奔放、质朴、淳厚,更便于点线的直接抒写而痛快酣畅。彩陶文化给人带来一种强烈的亲和力,温暖亲切,生动活泼,质朴而有趣。简洁中蕴含丰富,秩序中富有变化,特别是那些由粗粗细细、长长短短、曲曲直直的线条构成的生动画面和陶器的轮廓形体,完美和谐,巧夺天工。

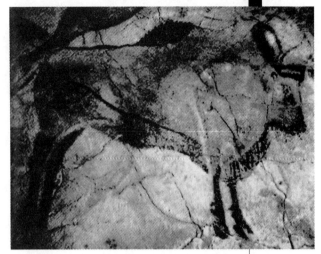

图8 西班牙阿尔塔米拉原始壁画

不论从原始的西方洞穴壁画(图8),还是中国的彩陶纹样,都可以看出人类早期的绘画都是源于线条的。线条对于绘画而言就像鼓相对于音乐一样,成为最直接、最单纯有力的表现手段。只是随着时代的发展,中西方地域的不同(希腊海岛的风和日丽,蔚海蓝天;中国的四季分明,崇山峻岭)以及文化背景(古希腊的神话,中国的巫术文化)的差异,使西方的艺术关注人体美而走向立体雕刻,注重内部结构的整体和谐,使东方的艺术关注自然山川的虎豹龙凤而走向绘画,注重外轮廓的线条节奏(图9,图10)。

代表奴隶社会最高艺术的青铜器,内含巫术与崇祖文化的神秘色彩,狰狞厉烈,象征权力。青铜器的纹样虽源于原始图腾和彩陶图案,但它却不是彩陶那般平易亲切,而以超世间的神秘威吓性动物形

图 9 鹳鱼石斧图彩陶缸

图 10 彩陶双耳壶

象,体现早期宗法制社会统治者的威严、力量和意志。除了兽面饕餮纹以外,就是大量的虎豹龙凤形象。在威吓之余又通过想象编造出"祯祥"的标记,虎豹以显威,龙凤而呈祥。由此,绘画世界就有了很多的龙飞凤舞。

龙凤虎豹的威猛生动之势,非线条而无以表现。后来秦汉的墓室壁画与帛画继承了这一观念,发展了线条的表现力,使整个汉画,画像石,画像砖呈现出了一片龙飞凤舞的景象。充满着线条的动势与张力,大气磅礴,特别是对于曲线的运用使物象产生了一种强大的力感和动感。汉画记物述事,写人描器,呈现出中国画的早期风格,为魏晋人物山水画的发展奠定基础。

在中国山水画的勾、皴、点、染四种技法中,线条的表现一直走在其他技法的前面,而不可或缺。就是在现代,画面的表现缺了点染之类的因素,依然可以成立。但如果缺了线条的表现,总是少了些神采韵致和那产生在线条结构组织中的独特美韵而不是味。中国画这一线条化的表现特征在人物画上尤为明显,也极为重要。

魏晋时代文人士大夫对绘画的参与,产生了第一批有名有姓的画家,使中国绘画的形式初步确立,带来了中国画的第一个全盛期。东晋顾恺之的声名鹊起,那春蚕吐丝般的"高古游丝描"带来了中国人物画的春天,它为中国人物画罩上了一层独特的儒雅与韵致,展现出东方绘画的特点,而那些所谓"曹衣出水"、"吴带当风"式的"曹(仲达)家样"、"张(僧繇)家

样"、"吴(道子)家样"的接踵沓至,大概就成为"十八描"的前兆。

"十八描"是历代画家对人物画根据线条特征所作的梳理总结。它极大地体现出中国画线条表现的丰富性。每一种描法都是在人物形象特征上提炼出来的经典形式,而凝结着物象的神韵。中国画这一线条化的特点不仅在人物画上得到具体的体现,也在山水画、花鸟画、以及民间年画中都有着突出的地位;不仅在工笔画中占主导地位,还在写意画中发挥它的作用;另一方面中国的其他艺术也突现出线形特征,像中国古建筑的轮廓长廊,民族音乐的旋律线条等等;这大概是因为中国的艺术都与中国的书法有着千丝万缕的联系之故吧!

2.1.2 笔墨抒写

说书画同源已是老生常谈。中国书法是纯粹线条意义的艺术,中国文字象形会意,从一开始就是对物像作着抽象绘画式的表现。像○、☺、☽之类的文字与其说是文字,不如说它更像是幅抽象绘画,中国的象形文字正是通过线条对事物形象进行高度提炼以后的结果。文字符号发展成为书法艺术,经过了一个由描画形象到抒写性灵的过程,"描"是对外部形象的模拟,而"写"则是对内在情感的抒发。中国绘画与中国书法均以毛笔为工具,以线条表现为特征的共同基础,使得中国画的笔墨表现学习书法而从注重形的描画走向注重意的抒写。

抒情写意是中国画的基调,文人情感趣味的抒发必然要借助于笔墨的抒写。书法性用笔,提按顿挫,一波三折使得画面的点线富有音乐的节奏与韵致,从而充分传达着绘画者的心灵迹象,使中国画的笔墨本身就具有一定的审美价值。在无往不复,无垂不露而又气韵活泼的笔致中,轻重缓急,点挑拂掠,渗透着力感、量感,展现着柔和、刚毅。或潇洒飘逸,轻柔优美如春风杨柳;或沉着坚毅,峻拔秀峭如巍然青松;或激荡雄浑,披头盖脸如骇浪惊涛,"笔迹者界也,流美者人也"。笔墨的性情正是人物内在精神气质的反映,或是温润中和,或是流畅飘逸,或是豪放旷达,或是质朴优雅,或是超然拔俗……无不是通过笔墨所传递出来的人格品质与审美趣味。

现代人对中国画很难欣赏的原因,一方面因为现代人普遍缺乏传统的文学情境而对含蓄的中国画意领悟不到;另一方面,长期的欣赏形似,以像与不像来衡量绘画的观念,与中国画"遗貌取神""妙在似与不似之间"的形神观念很难沟通;除此而外,大概就是对中国画的载道之文——"笔墨",这种独特的表现方式难以理解。

苏东坡言:"论画以形似,见与儿童邻;赋诗必此诗,定知非诗人。诗画本一律,天工与清新。"说出了以形似欣赏绘画的识见与儿童一般。唐末张璪提出"外师造化而中得心源",就说明绘画是借自然以表现内心精神情感的,到元代倪云林则就说得更直接了:"吾画逸草草不求形似,聊写胸中逸气耳!"元以后的中国画这种书法性写意用笔,特别注重笔致本身的气韵节奏。一笔下去有笔有墨,见形见情,而更多的则是以气使笔,聊写胸中逸气。像金农梅花的枝干,哪里有树枝的真实形状?简直就是由着笔情笔性的线条罢了。这样的笔墨是作者性灵的抒写,也是心灵节奏与物形节奏的契合。笔墨的情味与绘画的意境是融为一体的,我们如果不能品赏中国画笔墨的意味,自然很难与作品取得共鸣。

在中国画的题款中常见有人写××人写,而不是××人画之类的落款。可知中国画家十分重视绘画的书法性和抒写感,特别是后来的大写意画家,八大山人、金农、任伯年、吴昌硕、齐白石等人,其绘画的成就无不得益于其书法的功底。他们首先是书法家,他们作画如作书,物形随笔形。抒写的节奏感觉与点线的组织结构常常决定着物象的形体结构,以求得形式的和谐。而书法的风格也常决定着绘画的风格,像吴昌硕是金石篆书大家,其绘画用笔亦如其写石鼓文,雄强有力,铁骨铮铮,金石烁烁,大气而浑厚,有扛鼎之力。他就这样气势磅礴的将大写意花鸟画推向最高峰。这些都是中国画书法用笔的结果。

2.1.3 水墨的交响

中国画在制作粗细上有工笔与写意之分;在设色上又有青绿、浅绛、淡彩、重彩与金碧之分;亦有不设色的白描与水墨之分;其实中国画都是抒诗情而写胸臆的。所谓的工笔与写意之分,只不过是细笔写意与粗笔写意的分别罢了。中国画的设色古妍雅丽,水墨又扑朔迷离,亦真亦幻。既有优秀的设色传统又具备丰富的水墨经验,尤其以水墨为重,即便以色彩为主的工笔重彩的花鸟人物画与青绿金碧的山水画,也都是意的创立。王维开创的"破墨山水",就是把墨加水分破成浓淡不同的层次,运用渲染法,以水墨来表现山峦的阴阳与远近。王维作画尤喜水墨,他善画雪景的原因大概有一部分是由于他对水墨表现的擅长和独特兴趣。不仅如此,王维在《山水论》中也明确提出了"夫画道之中,水墨为上……"的观念。五代大画家荆浩曾说:"水晕墨章,兴吾唐代"。王维在这支水晕墨章的交响曲中,大约还只是初露风韵的前奏,而到王洽、张操、项容等人手中已经手泼发舞,很快把水墨的表现推到"元气淋漓障犹湿"(杜甫句)的新境界。

到五代北宋,荆浩、关仝、董源、巨然又继承并开辟出了有笔有墨,有真有幻,水墨交融,无限丰富的水墨山水画高峰,水墨的全面兴起很快替代了以李思训,李昭道以勾勒填色的青绿金碧风格,成为画坛主流,而水墨的表现更适合于山水画的皴擦点染,因此在这一时期山水画一下子便跃上了画坛主流。随着米芾、苏东坡等人对文人画的提倡,以及他们自身竹石墨戏实践的推波助澜,继之而来的就

是南宋梁楷的泼墨大写。水与墨在宣纸上的挥洒特别能够抒写作者的性情。浓浓淡淡的水墨韵致也特别宜于表现文人所追求的那种幽微玄奥之境。董其昌说"画家之妙,全在烟云变灭中",李日华云:"绘事必以微芝渗淡为妙境……"

文人画家对水墨表现的欣赏,使得中国画水墨的应用一路繁荣昌盛下去,到清代的八大、石涛,近现代的黄宾虹、傅抱石、张大千、李可染等大师们,更是在墨海中立定精神,水墨里开创新境。使得水墨的表现辉辉煌煌,"水墨画"几乎一度成为中国画的代名词。

中国的文人艺术家长期在"五色乱人目,五音乱人耳"之类道家思想的浸润下,对"玄之又玄,众妙之门"的玄色(黑青色)情有独钟。在单纯的水墨表现里寄托着无限丰富的情致与幽思。在"色即是空,空即是色"的禅宗玄理中,逐渐放弃了五彩缤纷而追求明净空朦,单纯澄澈。然而对墨的应用并没有使中国画走向简单,唐代张彦远在《历代名画记》中说:"夫阴阳陶蒸,万物错布,玄化亡言,神工独运。草木敷荣,不待丹绿之采;云雪飘扬,不待铅粉而白;山不待空青而翠,凤不待五色而粹。是故运墨而五色具,谓之得意。意在五色,则物象乖矣。"

中国画家正是在长期的实践操作中运用单纯的水墨就能产生五色俱备造化幽微的效果。干、湿、浓、淡、焦而墨分五色,再加上泼墨、破墨、积墨、宿墨、渍墨等诸多墨法的应用,使画面的水墨效果产生无限丰富的墨色层次。从而构成水墨交响的华彩乐章。这一水墨的交响就成为中国画的又一特征。

2.1.4 诗情画意

在中国,实用装饰美术与民间美术走在文人绘画前面。在古代社会的文官制度下,文以载道,文的地位一直高于书画。孔子云:"本乎道,依于仁,据于德,而游于艺。"道德仁义是排在六艺之前的。而六艺之中书画也居末位,只是被当作工匠技艺而已。然而随着魏晋六朝时代文人士大夫对书画创作的参与,书画一下子就被提升到艺术与精神的高度,而且与文学建立了密切的联系,而中国古典文学中的诗词歌赋更成为传统书画家的必修课。中国绘画虽然也有宫廷绘画、民间绘画、文人绘画的区别,但基本还是以文人绘画为主的(即就是宫廷画院的画家也大都是文人),且文人画取得的成就也最高,影响也最大,形式与理论体系也最完备。文人对绘画的参与,使中国画以文学为基础成为了一种必然。

中国画在技法表现上以书法为基础,在意境表现则把文学作为基础。傅抱石就曾这样理解文人画:文,就是要有文心,要有很好的诗文修养。人,就是要有高尚的人格人品。画,就是要具备高超的绘画技术。三者共同构成了文人画,缺一不可。在这里诗文的修养是放在第一位的,不是文人何谈文人画的创作呢？东晋顾恺之的《洛神赋》图就是根据曹植的文学作品《洛神赋》而创作的。如果顾恺之没有深厚的文学修养是很难领悟曹植的文心而创作出美目盼兮，巧笑倩兮的洛神形象。以文学作品与文学意境而创作顾恺之仅仅是个开始。

中国画家与其说是画家，不如说更像诗人，起码是具备了诗人的灵性，拥有诗人的才情，和诗人对自然万物独特的幽思感悟的。苏东坡说王维："味摩诘之诗，诗中有画，观摩诘之画，画中有诗。"对王维而言，诗情即是画意，画意也即诗情。所谓的诗中有画，无非是说画的境界深邃含蓄而富有诗的情趣。诗与画虽然表现方式不同，其追求的趣味境界却是一致的。在以苏东坡为首的一些北宋文人的提倡下，诗与画的关系愈来愈密切。人们常把诗称为"有声画"，而把画称为"无声诗"；或是把诗称为"无形画"，把画又叫做"有形诗"。黄山谷《次韵子瞻·子由题〈憩寂图〉》有句："李侯（李公麟）有句不肯吐，淡墨写作无声诗。"周孚《题所画梅竹》句："东坡戏作有声画，叹息何人为赏音。"可见此种说法的盛行，以致宋末画家杨公远把自己的诗集都命名为《野趣有声画》。

中国画十分追求诗意化情境的表现。在一花一草，一山一水中都凝结着浓浓的诗情。文质彬彬的儒雅文人，在绘画中构建着充满诗情画意的东方韵致与人生格调，从中勾勒出他们诗一般的生活，即是宋代的宫廷画院也在赵佶的提倡下十分重视画家的诗文修养。应诏的画家不仅以诗句命题作画以为考，就是进了画院也要作专门的吟诗作文训练，以充盈画的意趣。李唐就是在一次以"竹锁桥边卖酒家"为题的考试中进入画院的。别的画家都画竹林小桥边有一酒家，唯李唐画小桥竹林而未画酒家，只在竹林掩映处飘出一酒旗，突现出诗中锁字的诗意，而表现出过人的才情。他们经常出题的句子有"深山藏古寺"，"万绿丛中一点红"，"野渡无人舟自横"等有画意的诗句。老舍就曾给齐白石出了一句"十里蛙声出山泉"而考他。作为造型艺术的绘画是很难表现声音的，不料我们的白石老人却智慧过人，他大笔泼墨画出山石堤岸，又细笔漫描出淙淙泉水，在泉水中点上五六只蝌蚪，使人顿时联想到十里之外的一片蛙声，真不愧大师（图11）。

中国画与诗在内在意境上是完全契合的，同时也在外在形式上结合为一体。宋代以前画上很少题诗，最多只写作画者名姓与时间罢了。从徽宗赵佶开始就在画上题诗了，到元明清则更盛，鲜见有国画不题诗加款的，诗、书、画、印这"四绝"最终构成了文人画的形式。诗题一方面点明画意，因为有诗而更值得玩味其中的意趣，所谓言有尽而意无穷，使人有诗一般的遐想与回味，另一方面，诗题跋款又成为画面形式美的有机构成部分，均衡、调整着画面的点线构成，优美的书法也会给画面增色不少，就这样诗情与画意的紧密结合使中国画散发着独特的东方韵味。

图11 齐白石《十里蛙声出山泉》

2.1.5 笔墨纸砚与诗书画印

中国绘画工具的主体是被称为文房四宝的笔墨纸砚。

毛笔是最具有中国民族特色的书写工具。史有"蒙恬造笔"之说,蒙恬是秦朝大将军,有次率军伐楚,南下行至中山地区发现此处的山兔毛较好,于是就用以制笔,毛笔就产生了。其实在蒙恬之前中国就应该有毛笔了,像岩画与彩陶纹样就有毛笔的痕迹。蒙恬只是在以前的基础上加以改造而已。在先秦时毛笔有多种名称如"不律"、"聿"、"弗"等。秦统一天下,统一文字,统一度量衡之后则统称为毛笔(图12)。

随着产地的盛衰,毛笔主要以安徽宣州的"宣笔"和浙江湖州的"湖笔"著称。按其制作原料的区别可分为硬毫、软毫与兼毫。硬毫笔主要是以性能较硬的狼毫(黄鼠狼)、鼠须、猪毛之类做成,其笔性坚硬挺直,富有弹性。软毫笔主要以羊毫、鸡毫、兔毫之类较柔软的动物毛做成,吸水量大,但弹性略弱于狼毫笔。兼毫笔是以羊毫和不同比例的硬毫合制,像紫毫与羊毫合制的七紫三羊之类,其性能柔中有刚,软硬适中。

圆、健、尖、齐是挑选毛笔之"四要",圆是毫锋饱满圆润,健是富有弹性,尖是笔见水后锋毫尖锐,齐是笔锋铺开后整齐一律。相对于西洋的平板方笔,中国的毛笔被称为锤形笔。相对于硬笔(钢笔,圆

图12 笔墨纸砚

珠笔之类），毛常被称为软笔。正是有这样的锤形软毛笔，才有中国书法与绘画线条的优美表现，才更适于心灵情感的流露。书画家们捻一管之笔而拟太虚之体，在提按顿挫中抒情写意。

墨有松烟、油烟之别。松烟取材于年久松树，其色泽肥腻，性质沉重，墨品色黑体轻，宜书不宜画；油烟取自油桐子，墨品色紫体重，宜书宜画。历史上产墨的地方较多，而尤以徽墨为盛，且文人学士也常参与制墨。在墨汁中，曹素功、一得阁、胡开文、李廷圭都是很不错的墨汁。特别是李廷圭制墨，有煤烟子、珍珠等十三种原料。从松枝作的煤烟子到墨需要整整一年时间。南唐后主李煜尤喜李廷圭之墨，据说在其被俘之后只带了歙砚与李墨。李廷圭之墨的珍贵程度，当时流传一句话："黄金易得李墨难寻。"现代人为了方便而常用墨汁，不再磨墨，因而也就少了那份乾坤运转的安闲之乐。但也有用墨讲究挑剔的书画家还依然金钩玉盏地墨海研锭，既酝酿着心情又构思着胸臆。

造纸术是中国四大发明之一，而其中尤以宣纸的制造举世著称，文房四宝中的纸就是指宣纸，因其主要产于宣州故有此名，宣纸并不同于一般以木材或草皮为原料制成的普通机制纸，而是以青檀树皮为原料而制成的书画专用纸。宣纸分为生宣、熟宣和兼宣。生宣吸水性好，有渗化作用，发墨性能好，常被用于泼墨写意的创作。熟宣是被胶矾处理过的宣纸，也称矾宣，不渗水，常用作工笔画的精描细染，但其韧性不及生宣，且不易长期保存，所以生宣愈旧愈好，熟宣越新越佳。兼宣是半生半熟之宣，水墨的渗化效果自然不及生宣。常常根据绘画要求而选相应的纸。

在产地上宣纸以安徽的徽宣，四川的川宣，温州的净皮为主。从用料与薄厚上有单宣、夹宣、净皮、棉料、蝉衣、云母之类，亦有按个人的要求特选专制的，可谓洋洋大观，品类繁多。中国画在用宣纸以前基本上是在锦、帛、绢上作画。宋以后随着造纸术的进步，才大量的在纸上画画，纸的保存年代长于绢帛，因此，有"纸一千，绢五百"之说。中国宣纸使中国画便于辗转携带，而充满书卷气息。

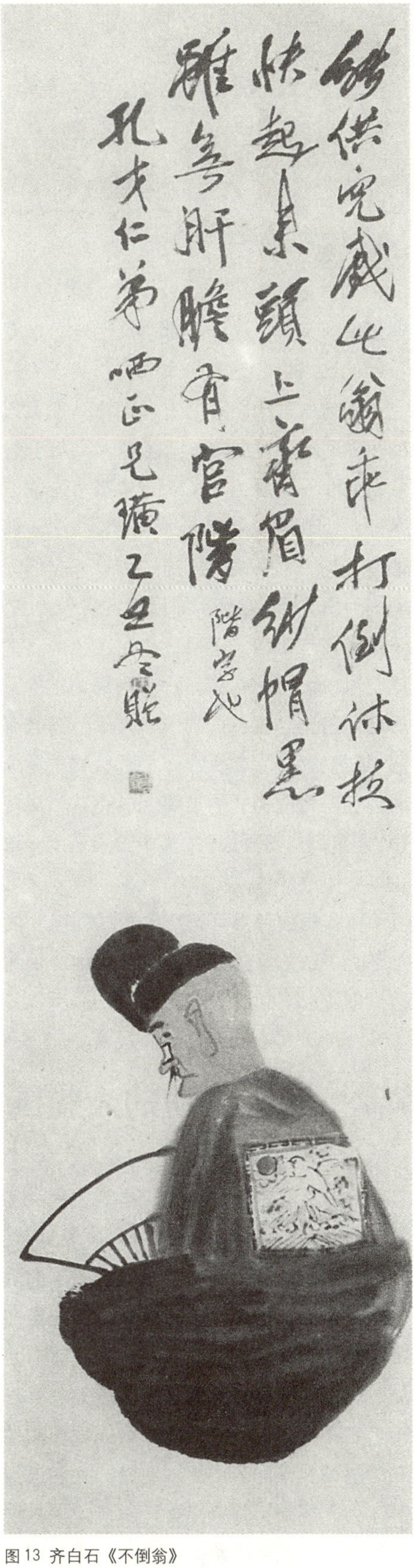

图13 齐白石《不倒翁》

砚用于磨墨,因其质地坚实,历时久远还物形如故的原因,文人墨客于四宝之中尤喜藏砚。如今砚虽不多用于磨墨,却不失其收藏与观赏的价值。再加上砚石本身的形质雕工所内含的文化意味,常使其越实用而指精神。文房四宝发展到今天其本身就带有中国文化的象征性,而被精神化,砚石则常常凝结着精神文化而流传千古。

著名的四大名砚,端砚产于广东省肇庆市羚羊峡斧柯山,因肇庆唐时属端州,故名端砚。由于其石质珍稀,品行优良而身价高贵。歙砚产于江西婺源县龙尾山,唐时属歙州故而得名,石色黝黑,略泛青碧,坚润劲健,易发墨。洮砚,产于甘肃省岷县洮河沿岸,此地原属古洮州,因而名洮砚,因其石处于深水之底取材不易,固被人视为无价之宝,石质细密晶莹,石纹如丝。澄泥砚以泥制作,多产于山西新绛,河南灵宝,山东柘沟镇等一些北方河水沿岸,原料取沉积黏土,过滤后而制,质地坚硬细密。

诗书画印原本都是各自独立的艺术,然而随着文人画的提倡,中国画就出现了诗书画印融为一体的独特形式。画家既是诗人,又是书法家,还是篆刻家了。诗书画印被称为中国画的"四绝"。在画上题诗,使画意与诗情相得益彰,也使得有限的画面产生无尽的诗意而使人回味。像齐白石作《不倒翁》(图13),若没有"能供儿戏此翁乖,打倒休扶快起来。头上齐眉纱帽黑,虽无肝胆有官阶"的题诗,也不过是画了一个普通的玩物罢了,但一加上诗的点题，就使画面陡加深意。所谓诗以言志，齐白石通过画对其深恶痛绝的官场进行了一次嬉笑怒骂式的讽刺与鞭挞。诗与画的结合巧妙而有趣，在中国画艺术上我们处处可以发现这样的作品。

洋洋洒洒的书法长题、短记使中国画的题款艺术成为一门学问。在诗书画印四绝中，除画以外其他诗、书、印三者都直接与题款有关。题款就是在绘画作品上书写文字，"题"就是题写和画有关的诗文，"款"就是作者的署名。大段文字叫"长款"；仅题姓名的叫"穷款"；只题姓名、年月、地点的称"单款"，又叫"下款"。另题馈赠者姓名、字号、原因的叫"上款"，上下两款合称"双款"。也有一幅画"多款"者，有作者自题与他人补题等等。中国画的题款艺术不同于西洋油画的签名，其中包含有含蓄的诗意，优美的书法，并有精心别致的钤印。款识印记，除了在内容上关乎所咏，记事述物，留姓存名外，在形式上还成为中国画构图章法上不可分割的一部分，调形理气，均衡画面。一方面书法的字体韵味要求与画之风格相得益彰，寻求和谐。另一方面在字型的大小多少，横题竖题，成方成圆，或疏或密，居中居边，以及齐排还是散落等方面都有诸多讲究，然后再结合朱砂红印的作用，或均衡重心，或调整疏密，或把握开合，或呼应黑白，或强调结构。并因不同的画意追求与画家的个人处理形成不同的艺术风格。像吴昌硕多长款竖题于画边，潘天寿则大小散落于画中。郑板桥，却于竹枝石缝之间落墨行文……这一切都构成了一个多姿多彩的艺术世界。

篆刻从官身职鉴的官家印章，在文人的手中逐渐地发展成一门艺术。从铸到刻，从官到私，呈现出了另一个丰富多彩的艺术世界。印章有"名章"、"闲章"之分，刻法有"阴刻"、"阳刻"之别。阳刻为朱文印，阴刻为白文印。名章，即以姓名字号为主，闲章则言志抒情，记事述物为主，内容宽泛。除此而外还有以年月、生肖等为主的图形印。这些各式各样的朱砂大印，有方有圆，或整或残，以其大小不同的式样根据画面内容与构图形式的需要，或引首，或压角，丰富均衡着画面，成为中国画艺术一个重要的组成部分。

中国画的诗书画印组合形式，在诗文、画艺、书法、篆刻等方面全方位地展现着艺术家的心灵，在世界艺林清韵独秀。

2.2 气韵生动的人物画

万物之灵的人类，拿起画笔首先关注的就是自身，从原始岩画中的投矛狩猎，彩陶器皿中的人面鱼纹，到秦汉壁画的歌功颂德、立影存形。中国人物画一直走在山水画和花鸟画的前面，发展到魏晋南北朝时已走向成熟，出现了中国画史上第一批著名画家。有历史记载的第一位画家是三国时期吴国的曹不兴，他擅画之名被当时人列入吴国"八绝"之一。传说他画屏风时落墨为蝇，致使孙权误以为真欲用手

拂去的故事。尽管是传说，但是足以说明他具备的绘画写实能力和当时绘画的成熟程度。魏晋时代是中国书画艺术的滥觞期，大批文人对书画艺术的参与，使中国画从地位卑微的匠人之技（注重实用祭祀），提升到品位高雅的文人之道（注重独立欣赏性与文化内涵），出现了大批杰出的画家。同时也出现了一批有成就的理论家，建立了最早的绘画理论与品评标准。其中南齐谢赫提出的"六法论"为历代画家的创作指明了方向，并影响至今。"六法论"也成为欣赏与品评中国画特别是人物画的重要参考，不妨稍作小叙：

谢赫"六法论"：(1)气韵生动；(2)骨法用笔；(3)应物象形；(4)随类赋彩；(5)经营位置；(6)传移模写。

谢赫提出的"气韵生动"是中国人物画的最高审美标准，与顾恺之提出的"传神论"有异曲同工之妙，都是说明人物画要传神写照，追求形神兼备，尤其要注重人物的神采韵致和把握画面的生动气息。气韵生动是画面刹那间的整体感觉，是一种让人开卷屏息第一感觉下整体印象产生的美感，是一种非具体细节但又可以感知得到的那种只可意会无法言传的审美感受。气韵生动是六法的核心，是审美的要求，也是创造的目的。其他五法都是以实现气韵生动为旨归的。"骨法用笔"说出了中国画书法性用笔与强调线条结构的特点，此点与气韵生动的实现有密切的关系；"应物象形"是说要根据不同的物像抓其特征写其形貌；"随类赋彩"说的是设色问题，即根据不同的类别赋予其相应的色彩；应物象形与随类赋彩都说明了当时绘画的写生与写实性；"经营位置"就是安排画面，即我们现在所说的构图，在书法上则就是章法；"传移模写"就是临摹，说出了学习绘画的方法。

正是在这样的理论指导下，历代大家圣手通过不断的努力，创作了不计其数的优秀作品。而且随着唐代朱景玄、宋代黄休复等文人对绘画"三品"、"四格"等品评理论的提出、完善到定型，从而就建立了一套完整的批评理论。画之品格发展到今天基本上不离"四品"，即逸品、神品、妙品（精品）、能品。逸品"拙规矩于方圆，鄙精研于彩绘，笔简形具，得之自然，莫可楷模"。神品"应物象形，其天机迥高，思与神合。创意立体，妙合化权，非谓开厨已走，拔壁而飞"。妙品"笔精墨妙，不知所然。若投刃于解牛，类斤于斫鼻，自心付手，曲尽玄微"。能品则"画有性周动植，学侔天功，乃至结岳融川，潜鳞翔羽，形象生动者也"。

就让我们在"六法""四品"的帮助下进入气韵生动充满东方韵致的人物画世界。

2.2.1 晋唐人物画

2.2.1.1 顾恺之与《洛神赋图》

对中国工笔人物画的欣赏还得从东晋顾恺之说起，顾恺之在我国画史上的地位，如永夜中一颗璀璨的明星至今光彩灿烂，是阐述早期中国画躲也躲不过的大师。

顾恺之，字长康，小字虎头，世人多称他为顾虎头。无锡人，出生名门。小时候聪颖有才气，博览群书，擅长文学，工诗赋，多艺能，美书法，尤妙绘画。顾恺之性格率真，通脱，好矜夸，工谐谑，并带有痴呆的意趣。时人谓恺之有"三绝"，即才绝、画绝、痴绝。

顾恺之博学、聪颖擅长文辞，他的《四时诗》曰：

　　春水满四泽；
　　夏云多奇锋；
　　秋月扬明辉；
　　冬岭秀孤松。

从简练的诗句中我们可以领略他的文辞才情。而他从会稽山回到荆州后，人问其会稽山川之状。他说："千岩竞秀，万壑争流；草木葱茏其上，若云兴霞蔚。"可谓脱口成章，充分显现了他的"才绝"。

顾恺之"痴绝"，可分为"好谐谑"、"率真通脱"、"痴黠"、"好矜夸"四项。恺之与大将军桓温交好，桓温死后，恺之拜桓温墓赋诗："山崩溟海竭，鱼鸟将何依？"人问恺之："卿凭重桓公乃尔，哭状其可见乎？"恺之答："声如震雷破山，泪如倾河注海。"其语言十分谐谑夸张。因为顾恺之说话处世诙谐幽默，故时人多喜欢他，愿与之相处。

据《世说新语》记载，桓温之子桓玄与恺之同在殷仲堪家共作"了语"（就是"完了的语句"）。恺之说："火烧平原无遗燎。"桓玄说："白布缠棺树旒旐。"仲堪说："投鱼深渊放飞鸟。"然后又共作"危语"，桓玄先说："矛头淅米剑头炊。"仲堪说："百岁老翁攀枯枝。"恺之说："盲人骑瞎马，临深池。"仲堪眇目，惊曰："此太逼人"，故而结束了游戏。《世说新语》还记载，顾恺之吃甘蔗，先食其尾。人问其故，云："渐至佳境。"从其语言上可见其性格的率真通脱。

恺之将一橱画暂交给桓玄保管，里面全是自己所珍视的绝妙之品，故而用封条题封。结果桓玄拆掉封条将画全部取走，又给他封好，归还给他。恺之见封题完好如初，而画却不复存在，就说："妙画通灵，变化而去，如人之登仙。"桓玄性贪，欲使天下的书法名画尽归己有。显然桓玄取画自是出于其贪婪本性，并非出于对恺之的戏弄玩耍。如果恺之要寻根问底，必然会得罪桓玄，事成僵局，甚至落个杀身之祸，不如顺势装呆为好。这正是恺之的聪明慧黠之处。再加之恺之平常就好谐趣夸张，桓玄自不起疑。

桓玄知道恺之常常相信小术，就拿一柳叶欺骗他说："此蝉所翳叶也，取以自蔽，人不见己。"结果恺之大喜，引以自蔽，桓玄假装看不见恺之还旁若无人的在一旁小便，恺之更加相信此叶可以隐身，非常珍惜，视其为宝。足见恺之之痴。

然而，顾恺之更让我们关注的是他的"画绝"。当时瓦棺寺初建成，僧众设会，请朝贤士大夫来寺中鸣钟打鼓，以弘扬佛寺的声名，并注疏捐款。当时士大夫捐款只有超过十万者,轮到恺之时,他直打注百万。恺之向来贫困无钱,大家以为他又在说狂话。后来寺里人请勾疏兑现,顾长康让寺里备一白壁,遂闭户往来寺中一月有余,在寺中画维摩诘佛像一尊,画完后在准备点睛之前他告诉寺僧:"第一日观画之人,请施舍十万钱;第二日可施舍五万钱;第三日可任意施钱。"到开户那日光照一室,施者填咽,观者如睹,俄尔得百万钱。从这一故事中所描写的盛况,可知恺之当时画技之高,画名之盛。

《洛神赋图》(图14)是顾恺之根据陈思王曹植所作的文学作品《洛神赋》所绘。曹植才华惊人,是曹操次子,十岁能文章,援笔立成。每见其父,有所问难时,总是对答如流,极得其父欢爱。其兄曹丕向来忌他的才学,当上皇帝后想加害曹植,令其在七步之内做诗一首,就在众人拔刀相逼之下曹植应声成章:"煮豆燃豆萁,豆在釜中泣;本是同根生,相煎何太急?"其情真意切,发自肺腑。曹子建凭就着自己的才情幸免遇害。谢灵运曾说,天下文才共一石,曹子建独占八斗,他自己占一斗,其余一斗为天下人分之,"才高八斗"便由此而出。尽管如此,曹植在曹丕称帝后一贬再贬,最终惆怅郁闷而病死,年仅四十一岁。

曹植在年轻的时候,就爱慕甄逸的女儿,但没有成功,极为失望。袁绍破邺以后,娶甄逸之女给他第二子熙为妻,后来曹操破袁绍,曹丕见她姿貌绝伦,抢先纳为夫人,称帝后继立为后,称甄后。后来魏文帝(曹丕)宠郭后,甄氏被郭后谗言

图14 顾恺之《洛神赋图》局部

致死。黄初三年,曹植入京师朝见时甄后已死。曹丕将甄后爱用的玉枕给曹植观看,曹植不觉流泪,曹丕就将玉枕赠给曹植。曹植在归途中,适过洛水,百感交集,追想宋玉所说的神女故事,就作叙事赋一篇,名为《感甄赋》,借以抒写他心中哀感幻艳,辗转思慕的情绪,后来晋明帝看见这赋改为了《洛神赋》。

顾恺之以《洛神赋》为基础,采用连环画插图的横卷式构图。将洛神赋中的情景分段画出。开头描写曹植和侍从来到洛水边:"日既西倾,车殆马烦,尔乃税驾乎蘅皋,秣驷乎芝田",正是曹植一行,车马劳顿地"从京城,归东藩,背伊阙,越轘辕,经通谷,陵景山"到达洛川时的情景。侍从们歇马于山坡下,一匹马就地打滚,疏散筋骨,此时曹植在侍从们簇拥下,来到洛水边上,他神情抑郁,若有所思,面对洛水波涛,似视非视,处在神情惝恍的状态之中。这时,微波荡漾的水面上洛神出现了,她梳着高高的云髻,微风掀动她的裙裾,衣带飘逸,体态窈窕,玉颜光润。

她正慢挪微步，与曹植顾盼传情，其身姿婀娜，貌美如仙："其形也，翩若惊鸿，婉若游龙。荣曜秋菊，华茂春松。仿佛兮若轻云之蔽月，飘飖兮若流风之回雪，远而望之，皎若太阳升朝霞；迫而察之，灼若芙蓉出绿波。秾纤得中，修短合度。肩若削成，腰如束素。延颈秀项，皓质呈露，芳泽无加，铅华沸御。云髻峨峨，修眉连娟。丹唇外朗，皓齿内鲜，明眸善睐，靥辅承权。瑰姿艳逸，仪静体闲，柔情绰态，媚于语言，奇服旷世，骨像应图。披罗衣之璀璨兮，珥瑶碧之华琚。戴金翠之手饰，缀明珠以耀躯。践远游之文履，曳雾绡之轻裾。微幽兰之芳蔼兮，步踟蹰于山隅。"顾恺之以绘画的手段将曹植笔下洛神的美貌神韵直观地呈现在我们面前。毕竟文字的叙述带有很强的抽象性，给人留有大量的想象空间，而绘画的表现则是一个整体直观的视觉感受。用几根简练的线与色去表现充满动感，引人无限联想的美姿丽质，有着很大的局限与难度，然而顾恺之对洛神的塑造却是成功的，其技巧高明令人赞叹！洛神就这样出场了。

图中以后的几段，按赋中曹植所叙述的情节发展。曹植与洛神反复出现，或嬉于岸畔，或游于水际，人神欢娱，若系若离。时而洛神"竦轻躯以鹤立，若将飞而未翔"，时而"体迅飞凫，飘忽若神"，时而"凌波微步，罗袜生尘"，时而"若绕若还，转盼流精"；"含辞未吐时气若幽兰，以傲以嬉令人忘餐"。然而这毕竟是一场清秋大梦，良辰美景、佳人良会终难永久。"恨人神之道殊兮，怨盛年之莫当，抗罗袂以掩涕兮，泪流襟之浪浪。悼良会之永绝兮，哀一逝而异乡。"洛神最终还是驾着六条龙拉着的云车消失在云端。洛神于车中仍回首后方，依依不忍离去。曹植御舟追赶，溯而未及。子建"思绵绵而增慕，夜耿耿而不寐"，于洛水岸边秉烛而坐，以期洛神的再现。"虽沾繁霜而至曙"，一夜的等候而终无所获，只好无奈而惆怅地驾车而去。一个戚惨哀艳的爱情故事，令人无限感惜。读此文，观此画，常令人良久无语。

从初见洛神的兴奋到人神永绝的哀愁，整幅画笼罩在充满神话色彩的梦幻气氛中。恰如其分地渲染了文学作品的意境。顾恺之以春蚕吐丝般的高古游丝描勾写人物舟车，山水云龙，流畅而飘逸，繁密而有秩序。人物情态顾盼生姿，脉脉含情，对洛神的描绘更是飘飘如仙，华美异常。设色华贵典雅，浓丽明艳，朱砂石绿在绢色的统一下和谐丰富；水色与石色的交相应用使画面既显得浑厚，又显得轻灵透明。图中马骊骄健，龙兽腾飞，水云交织，树木贮立，衣带飞扬。树木云水带有极强的形式感和装饰性，更增添了画面亦真亦幻的神秘美感。通幅画气韵生动，神采飞扬，既是顾恺之的一幅佳作，也是魏晋时代的一幅代表作。《洛神赋图》与曹植的原赋在中国文化艺术宝库中可谓是双美联璧。

图15 阎立本《步辇图》

2.2.1.2 阎立本的《步辇图》与《历代帝王像》

大唐中央集权制在李家父子的刀光剑影中,势不可挡地替下了隋王朝的统治,开创了大唐基业,建立了全世界最强盛的帝国。中国人物画也随着顾恺之、陆探微、张僧繇、郑法士等人的发展完善,到唐代时进入了全盛时期。以初唐阎立本,盛唐吴道子、曹霸,演绎着大唐盛世的唐风、唐韵。

《步辇图》(图15)描绘的是贞观十五年,唐太宗李世民接见松赞干布派来迎取文成公主的吐蕃使臣禄东赞的场面。画面右边端坐在步辇上的是唐太宗,他被数名宫女簇拥着,其中一人撑华盖,二人持扇,其余人抬着步辇。画面左边贮立着三个人,中间一位便是吐蕃使节禄东赞,他正被前面一位身着红袍的典礼官引见给唐太宗,后面一位身穿白衣者,是内侍或翻译员之类的人物。画中唐太宗气宇轩昂,沉稳练达,眉宇舒朗,目光睿智,仪容端庄饱满,充分地展现了这位具有远见卓识的封建帝王所拥有的自信与威严。阎立本把帝王之尊的李世民画得比其他人物体形大一倍,既是加强王家气势的政治需要,也是深入刻画不同人物精神面貌的需要。这种象征与概念化的表现手法使人物主次、尊卑一目了然。唐太宗冠冕堂皇,众人簇拥,宫女们顾盼生姿,鲜明生动,使坐在步辇上的太宗皇帝威仪之外又增添了一份从容与大度,亲和与友好,显出泱泱大国之风范。相比之下,身穿联珠纹红色花袍的禄东赞,则身材矮小,并以十分恭敬谦卑的态度向唐太宗致敬。画家生动传神地刻画出作为使臣身份的禄东赞,所具有的谨慎与机敏。穿红色长袍,有圈脸胡须的大唐典礼官,表现出应有的严肃与沉着,穿白衣服的翻译则略显拘谨。阎立本对处于特定情景中不同人物的肖像特征和心理状态,刻画得鲜明生动,准确到位。

阎立本堪称初唐宫廷人物画家在渲染人物内心气质与个性特征方面的大家圣手。这从他的《历代帝王像》(图16)中也可看出来。在此,他着重通过对不同帝王外貌特征的刻画,表现出人物精神气质和不同个性,并寓褒贬于其中。尤其对晋武帝司马炎的刻画相当出色。司马炎方颐大

图16 阎立本《历代帝王像》

耳,双唇紧闭,目光如电,炯炯有神,表现出晋武帝的雄才大略与威严仪态。而杨坚的深谋远虑与杨广的虚浮外貌形成对照,刘备深沉而略现疲惫,曹丕咄咄逼人,陈倩美姿容有才识,还有陈叔宝平庸暴虐的鄙俗尴尬,都给予了入木三分的刻画。图中帝王高大而随从矮小的人物关系处理,如步辇图一样既突出了主体人物,也是封建等级观念的一种反映。在封建社会早期的庄园时代,贵人出场时常被多人(至少是两人)左右相扶而出,像《洛神赋图》中曹植的出现等等,这都是当时人特别注重地位仪态的表现。

阎立本生长在繁华似锦的帝都,擅画人物、车马、台阁,尤长于政治性题材的历史画创作。他画风工整,线条饱满、凝重、有力。设色浓重、艳丽、华贵,符合政治的需要,代表着初唐之风。阎立本在绘画上享有盛名,在朝中有着高官厚禄(先任工部尚书,后又任右相)。但作为宫廷画师的他并不是十分潇洒惬意的,在一次春日的游园活动中,众人们都能尽情游园赏春,吟花颂世。而阎立本却因皇帝喜欢刚开的牡丹花而要为其作画,处在劳心劳形的画役中,既扫了游春之兴又失去了高贵文人的体面。故而在阎立本回到家中之后,就教育儿子以后不要重蹈自己绘画的复辙。这大概就是作为一个宫廷画家的

图17 吴道子《山鬼图》

苦闷之处。这种作为照相、摄影、记影存形式的政治历史绘画，虽然有着重要的历史价值与艺术价值，但却少了后来文人士大夫那种自娱自乐、寄情抒怀式绘画所具有的自由与潇洒。

2.2.1.3 画圣吴道子

吴道子是一个让人一谈到他就激动不已的画家。他幼年丧失父母，生活贫寒，"年未弱冠（20岁）"即"穷丹青之妙"（朱景玄《唐朝名画录》）。他早年曾拜贺知章与张旭学习书法，对张旭的狂草笔法有所领悟后应用到绘画的线条表现上，最终取得了了不起的成就。他生活在中国封建王朝最辉煌鼎盛的盛唐时期，与诗仙李白、诗圣杜甫、草圣张旭生长在同一片蓝天下，共同创造与渲染着盛唐气象。在那个巨匠林立的时代，他以超凡入圣的画技被后人称为"画圣"。中国历代统治阶级与文人墨客都有收藏书画文物的习惯，在唐代人们的收藏炫比中，常以有无"顾（恺之）、陆（探微）、张（僧繇）、吴（道子）"四家人物画而分其高下，可见吴道子在当时画坛的地位是无过其右的。

和宫廷画家阎立本不同的是吴道子的绘画完全来源于民间。杜牧言："南朝四百八十寺，多少楼台烟雨中。"在十分重视佛教文化的唐代，那么多的楼台寺庙，无论是已成的，还是新建的，都给吴道子提供了大量的学习机会和创造空间。这个曾经当过县尉的吴道子，辞职后浪迹东洛，在洛阳饱览了前代张僧繇、郑法士、杨契丹、展子虔等大画家的作品，尤其受张僧繇绘画风格的影响比较大。张怀瑾《画断》中说："张公思若涌泉，取质天造。笔线一二，而像已应焉。"吴道子正是学习了他这种"笔才一二，像已应焉"的简括笔线，形成了被誉为"吴带当风"的绘画风格。

我们从现存山东曲阜据说是吴道子原作摹刻的《山鬼图》(图17)，可领略这一线条的特点。图中描绘的是一个形似恶魔的力士，肩扛画戟，凌空腾跃。画中线条简括，行笔磊落，笔势圆转，跌宕起伏，波澜壮阔。波折中饱含力度，圆转处富于动感。人体肌肉铿锵有力，线短而体浑，衣带虬须飘动如飞，线长而气整。整幅画气息流畅，气势磅礴。所用"兰叶描"雄强劲健，气韵生动。所谓"天衣飞扬，满壁风动"，处处突现着"吴带当风"的特点，处处蕴含着饱满的激情。

吴道子的画让人振奋，令人激动。他笔线下凝聚着巨大的张力，这种真力弥足，甚至有点霸道的扩张气度，与李白诗歌的豪放、颜真卿书法的外拓，还有那"颠张醉素"笔线中的跌宕与狂放，一起构成了只有盛唐文化才具备的豪迈、雄强之美。吴道子大量地从事寺庙壁画创作，到处展露着他惊人的艺术才华，这样他很块就驰名两京（长安、洛阳）。成名后他被唐玄宗召入宫中，从此吴道子就由一名民间画工，变成一名宫廷画师。玄宗爱其才赐名道玄，初为供奉，后被授以"内教博士"以绘画教于内廷，官至宁王友，真是"人生得意须尽欢"哪！

一个时代的各种艺术彼此互有影响，美术、音乐、书法、舞蹈、诗歌、建筑等都互相渗透而互相促进。当裴旻将军遇见吴道子时，想以金帛请吴道子在天宫寺为他的亡亲作佑福的壁画。吴道子不受金帛，欣然对裴旻说："闻裴将军久矣，请为舞剑一曲，足以当惠，观其壮气，可就挥毫。"裴旻笑允，立即脱服如平常装束持剑起舞。"走马如飞，左旋右转，掷剑如云，高数十丈若电光下射。引手执鞘承之，剑透室而入，观者数千人，无不惊栗"（郭若虚《图画见闻志》）。吴道子看毕，激动无比，挥毫图壁，飒然风起，若有神助，道子平生绘事得意无出于此。那天张旭亦乘兴写了一壁书，洛阳人看了都说"一日之中，获观三绝，今生无撼矣"。吴道子画名也回荡街巷，妇孺皆知。据说他画人物无论从头画起，还是从脚画起，皆可一气呵成形神完备。

吴道子不仅擅画人物、佛像、神鬼，亦擅画禽兽、山水、台殿、草木等，皆冠绝于世。玄宗以为四川嘉陵江山水美丽，特遣吴道子前去写生，道子漫游嘉陵江，时间从容，心情畅快，好山好水幕幕掠过，他游目骋怀，尽情游玩，把一路的体会与感受都深刻地铭记在心中，并未当场写生。返京后玄宗问画于他时，他便直截了当地回答："臣无粉本（草图、底稿），并记在心。"并在一天时间内迅速地画出了嘉陵江三百余里的山水风光。而唐代的另一位大青绿山水画家李思训也曾在大同殿上画过嘉陵江山水，却是"累月方毕"。所以当吴道子画完后，玄宗评论说："李思训数月之功，吴道子一日之迹，皆极其妙。"这也是画史上脍炙人口的美谈。

从这个故事我们也可以得知，一日之内就可以将三百里山水极尽其妙的吴道子画风，必然是一种简阔疏落的水墨线描风格，是一种与东晋顾恺之的"密体"风格

不同的"疏体"。一位成功的艺术家，必然是在继承前人优秀绘画传统的基础上大胆创新的人。吴道子以其巨大的创作热情和丰富的想象力辛勤劳动，最终创造了自己的绘画风格，被称为"吴家样"或叫"吴装"。历史上创造"自家样"的画家并不多，而被尊称为"画圣"也不是一般的声誉。吴道子的绘画出自民间，也流传于民间，因而历代的民间画工一直奉他为"祖师"，行会里常设立他的"神位"，并顶礼膜拜，如文人对于孔子，木匠对于鲁班。吴道子不仅在民间画工中倍受尊重，在文人对绘画的评议中也受到极高的推崇。苏东坡把吴道子的绘画与韩愈、杜甫、颜真卿等人的诗文书法相比，他说："智者创物，能者述焉，非一人而成也。君子之于学，百工之于技，自三代历汉至唐而备矣。故诗至杜子美，文至韩退之，书至颜鲁公，画至吴道子。而古今之变，天下能事毕矣。"

遗憾的是关于吴道子的画迹留下的却极少，我们只能从当时的敦煌壁画、墓室壁画以及北宋李公麟的白描人物画和更后来的《八十七神仙图卷》、《朝元仪仗图》等去领略被婉约化的盛唐遗风了。

2.2.1.4 曹霸与韩幹的鞍马人物画

将军魏武之子孙，于今为庶为清门。
英雄割据虽已矣，文采风流今尚存。
学书初学卫夫人，但恨无过王右军。
丹青不知老将至，富贵于我如浮云。
开元之中常引见，承恩数上南熏殿。
凌烟功臣少颜色，将军笔下开生面。
良相头上进贤冠，猛将腰间大羽箭。
褒公鄂公毛发动，英姿飒爽来酣战。
先帝御马玉花骢，画工如山貌不同。
是日牵来赤墀下，迥立阊阖生长风。
诏谓将军拂绢素，意匠惨淡经营中。
斯须九重真龙出，一洗万古凡马空。
玉花却在御榻上，榻上庭前屹相向。
至尊含笑催赐金，圉人太仆皆惆怅。
弟子韩幹早入室，亦能画马穷殊相。
幹惟画肉不画骨，忍使骅骝气凋丧。
将军画善盖有神，必逢佳士亦写真。
即今飘泊干戈际，屡貌寻常行路人。
途穷反遭俗眼白，世上未有如公贫。
但看古来盛名下，终日坎壈缠其身。
　　杜甫《丹青引赠曹将军霸》

安史之乱后，成都柴门草堂里的杜甫与流落街头画像的曹霸相遇了。一个大诗人与一个大画家，在穷愁潦倒"国破家何在"的悲愁情绪中唏嘘感慨，昔日开元盛世已成为回忆，如今杜甫自己是'三年奔走空皮骨'，而曹霸也是"途穷反遭俗眼白"，在同病相怜的境遇中，杜甫以这首《丹青引赠曹将军霸》聊相慰藉。而一千多年后的今天，我们对大师的生平事迹却只有通过这首珍贵的诗去了解了。

作为魏武帝曹操子孙的曹霸，世代拥有文采的风流。曹霸自小爱好书画，在青少年时代就立志要成为大书法家。在唐代由于唐太宗对王羲之书法的酷爱而推崇备至，因而当时学习"二王"书法风靡天下。曹霸立志要超过王羲之，他并不和大家一样学习王书以随俗流，而直接取法于王羲之的老师卫夫人。然而事与愿违的是："学书初学卫夫人，但恨无过王右军"。虽然他"取法乎上"却也有"无过右军"的遗憾，最终放弃书法而专心于绘画。

淡泊富贵的曹霸将自己的一腔热情投入到绘画艺术中，心无旁骛的努力，使他在三十岁左右就身负盛名。开元盛世中曹霸常常得到玄宗皇帝的召见，而于兴庆宫南熏殿让其作画，并深得厚宠，因而权贵豪门争求笔迹，认为没有他的画，则屏障无光。杜甫在接下来的诗句中记述了，曹霸曾修补凌烟阁功臣像与描绘宫廷御马的事迹。凌烟阁的功臣们在曹霸笔下重新恢复了栩栩如生的面貌，良相与猛将，褒公（段志玄）与鄂公（尉迟敬德），都显得英姿飒爽，别开生面，成为当时一件有名的画作。

而最让曹霸得意的莫过于他为唐玄宗的御马玉花骢传神写照的事。"画工如山貌不同"，多少画工都画不像的玉花骢，在这一日神气飞动地昂首卓立于大唐殿前，为曹将军充当着写生的模特。倾刻之间，御马的形象活灵活现跃然绢上，玉花骢在曹霸的精心构思与惨淡经营下，显得惟妙惟肖。"玉花却在御榻上，榻上庭前屹相向。"使所画之马与庭前之马真假难辨，引无数人感慨、感叹。曹霸画马"一洗万古凡马空"。这一时期曹霸成为宫廷内最富盛名的画马圣手，无人出其右，最终实现了他放弃书法之后所选择的"同能不如独胜"的理想。然而天有不测风云，享有盛名的曹霸不知因为什事而开罪了玄宗皇帝，竟被罢为庶民。"屋漏偏逢连雨天"，飘泊流离的他又遇上了安史之乱的干戈战乱。"即今飘泊干戈际，屡貌寻常行路人。途穷反遭俗眼白，世上未有如公贫。"盛名不再的他只有为街头人画像来糊口，还常常遭人白眼。在成都与杜甫见面后不久，这位大画家就悲惨地死去了，他就这样被命运之神捉弄了。然而他的弟子韩幹却似乎很受命运之神的青睐。

和曹霸不同的是，韩幹少年家贫，出身寒微，在蓝田一酒家当小伙计，常征酒债于王维兄弟。王维兄弟此时官位还不显赫，常诗酒漫游于蓝田别业之中，啸傲终日。一次在韩幹征酒债时于地上戏画人马，被王维发现了他的绘画天才，从此后便每年给他铜钱二万，叫他专心学画。时曹霸正享有盛名，与其同辈、同僚又同是画家的王维，便将韩幹介绍给曹霸作学生。十年后韩幹果然成为大画家，且被召为内廷供奉，后官至太府寺丞，相比之下韩幹可谓幸运。

人世沧桑，历史流变，曹霸的画没有留存至今以饱我辈眼福，有幸的却是还有韩幹的画马杰作《照夜白图》（图18）与《牧马图卷》（图19），让我们一睹韩幹画马的神骏风采，并由此去解领曹霸的画马遗风。

"照夜白"是唐玄宗李隆基的坐骑，图中肌体骠悍的骏马被拴在一根粗大的柱子上，昂首嘶鸣，鬃毛竖立。四蹄作腾跃状，其神弥卷外，声遍四野。这种束缚与企图争脱束缚的矛盾，成为画中传神的焦点。马身富有动感张力的曲线与拴马桩静穆贮立的直线,形成强烈的动静对比,一下子揪住了观画者的心,使人屏息注目,生怕它脱缰狂踏。照夜白通身洁白而无杂色,不愧其名,眼鼻四蹄处以墨染黑与通身的洁白形成对照,更显出马的神骏精气。整幅画只用几根遒劲圆转富有弹性的线条,非常简练概括,就把照夜白善于驰骋、桀骜不驯的神态,生动地表现了出来。线条谨细,但丝毫没有纤弱之感。胸前后背,四蹄眉目处,略施淡染,惜墨如金地表现了马在矫健奔腾中的肌肉起伏和结构变化,带有立体感,但绝不失神韵。韩幹此图基本上是对曹霸所画照夜白的临摹,由此我们可以窥见曹霸风格之一斑。

杜甫诗中言:"幹唯画肉不画骨",道出了韩幹与曹霸画马风格的区别。从《牧马图卷》中我们即可以看到韩幹出师后成熟的个人风格。图中一黑一白两匹高头大马皆形体肥硕健壮,比例准确,造型简练,风格写实。一养马官跨于白马之上,亦身体膘悍。整个画面气氛安祥从容,马蹄踢踏有声。黑马全身染墨,只有唇蹄雪白,白马通体单线白描,只有眼睛鞍蹬处染墨。设色大胆,黑白对比强烈。线条细劲圆润,人物衣纹疏密有致,结构严谨,用笔沉着稳健,画面构图饱满,主体突出。整个画面沉浸在一种从容、安祥、悠闲的氛围中,为韩幹的代表作品。韩幹曾有句名言"陛下厩中之马皆臣师也"。他画风写实,非常注重对马的观察与写生,其严谨的现实主义创作思想与创作态度也影响了后世的鞍马画家。北宋的画马大师李公麟就经常到马厩里"终日纵观不暇与客语"。元代赵子昂为了掌握马的动

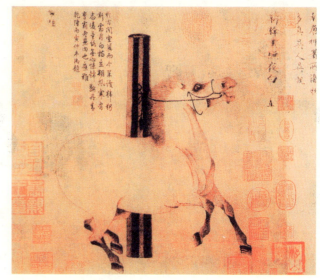

图18 韩幹《照夜白图》

图19 韩幹《牧马图卷》

态,也是"尝据床学马滚尘状"。曹霸与韩幹在鞍马人物画方面成为了百代之师。

2.2.1.5 张萱与周昉的宫廷仕女画

绘画发展到唐代已走向全盛,出现了人物、山水、花鸟等大的分科。在各科中又有较细的分科,特别在人物画上就有释道、佛像、神鬼、肖像、仕女、鞍马人物等等。一种事物分门别类越是细致,越说明了其繁荣的程度。在高度成熟的唐代人物画苑中,张萱与周昉的宫廷仕女画无疑是那锦上之花而风韵流芳。

图20 张萱《虢国夫人游春图卷》

《虢国夫人游春图卷》(图20)是张萱之作,图中描写了天宝年间宠妃杨玉环的姐姐虢国夫人和韩国夫人及其侍从踏青游春的场面,共九人八骑,前面有三个单骑开道,接下来两骑并列于中间偏后位置的即是虢国夫人与韩国夫人。二人均乘浅黄色骏马,居全队中心位置的是虢国夫人,韩国夫人侧身向着她,在构图上形成众星捧月之势。后面并列三骑,中间一位是保姆,她一手执马缰,一手搂着怀中小孩,神色谨慎。图中共有三位男装仕女,一位着黑衣乘白马者领先,其他两位着白衣,分散其中,又有二位红衣宫女穿梭其间。虢国夫人与韩国夫人衣着华丽,面容丰润,神情悠闲,表现出了贵夫人应有的雍容与华贵。此画虽题为游春,然而对于无边的春色却毫无具体表现,只通过人物马匹游春时所表现出来的悠闲、从容情绪,来展现浓浓的春意。出游的行列前松后紧,有聚有散,统一中又有变化。富有节奏和韵律的马蹄声,荡漾着无限春情。线条工细、劲健、流畅,设色明快、艳丽,使画面显得轻松欢悦,华丽典雅,反映了当时上层社会奢侈豪华的享乐生活。

《捣练图》原迹已不存,此幅为宋人摹本(图21、图22),现藏美国波士顿美术馆。张萱的这幅画描写的是宫中妇女从事捣练工作的劳动场景。"练"是一种丝织品,织成后要经过煮、漂白,再用木杵捣,才能柔软洁白。

画卷按情节从右向左分成三组,第一组为四个宫廷妇女正用木杵捣练,木杵此起彼落仿佛有声,一妇女回身挽袖,动作生动逼真。四个妇女姿态各异,脸与身体的不同朝向,加强了方位感。正面脸、正侧面脸与背身以及四分之三侧面,四人无一重复。此图对背身史无前例的描写,大大增加了劳动场面的真实感。苏诗云:"画工欲画无穷意,背立东风初破睡,若教回首却嫣然。阳城下蔡俱风靡"。又说:"学画沉香亭畔,只许腰肢背后看。"这在人物画上有了突破性的进展,对后世画坛特别是五代绘画起到了积极的作用。

第二组描写的是两个妇女坐在地毯上缝纫,一正一侧相向呼应,动态自然生动,尤其对手姿的刻画极富穿针引线的情态美。俗话说"画人难画手",而张萱在这幅画中把作为第二表情的手,画得真切传神,非常成功,恐怕也只有五代《韩熙载夜宴图》可与之媲美了。

第三组画的是几个妇女将白练绷直,再用熨斗熨平的劳动情节。其中两个妇女身体向后微微倾斜将白练拉平,中间一妇

图21 张萱《捣练图》

图22 张萱《捣练图》局部

女一手扶练,一手持熨斗,正专注而细心地熨烫。此组中穿插了三个年龄不同的小孩,一灰衣女子在火盆边挥扇扇火,火盆的灼热使她将脸偏向一边。画家非常准确地扑捉到生活的细节,生动地抓住了人物因怕热而转首的心理特征。另一女子手扶白练,既帮助大人们扶练,又观察和学习熨平的方法,尽管是背身,我们却依然可以感到她专注的神情。而更为精彩巧妙的就是,那钻在白练下面,又翻身向上张望的小女孩,其神情有趣,行径可爱,为繁忙的劳动增添了趣味,带来了轻松,也使整个画面构图错落有致,平添了无限生趣。

整幅画线条匀细绵长,富有韵味,很好地表现了丝质衣裳所应有的下垂感。人物造型面颊圆润,体态丰盈,体现了唐代以丰肥为美的社会审美时尚。情节生动,姿态传神。设色较《虢国夫人游春图》朴素沉着,人面粉白,肌肤玉润,可谓不温不火,恰到好处。《捣练图》是张萱的一件精品,张萱能画鞍马、屏障、亭台、林木、花鸟、人物,其尤擅画仕女,常以仕女游春、整妆、按乐、抚琴、藏迷、游戏等为题材,表现唐代贵族妇女优雅闲散的生活,名冠当时。

《挥扇仕女图》(图23,图24)是另一位宫廷仕女画家周昉的作品。周昉出生贵族家庭,曾学画于张萱,也工于仕女。常游

图23 周昉《挥扇仕女图》

图24 周昉《挥扇仕女图》局部

于卿相之家，多见贵人而美之。他画的仕女题材也多游春、避暑、凭栏、赏花、闲坐、出浴、览镜、品茗、调琴、横笛、绣花、扑蝶、舞鹤、逗鹦鹉等。此图描写了夏末秋初似乎刚刚睡醒的几位宫妃和宫女，在深宅大院纳凉的情景，全画从右向左可分为五组：

第一组画四人，一手持小团扇坐在椅子上的妃子睡眼惺忪，神态懒散。旁边一男装侍女正在为她轻轻挥扇，小心翼翼，生怕惊扰了妃子寂寞无聊的沉思。左边有两个仕女手捧梳洗用具等妃子起身，点明

了"挥扇"主题。

第二组画"端琴"，一仕女端出古琴，另一仕女正从琴囊中抽取古琴。在百无聊赖的深宫里两位仕女正准备调琴、抚琴来解闷。

第三组画"临镜"，《春宫怨》杜荀鹤云："早被婵娟误，欲妆临镜慵，承恩不在貌，教妾若为容。"描写了失宠妃子"欲妆临镜慵"的懒散状态，当是这组画最好的注解。

第四组画"对绣"，有三人围着绣床而坐，两女子对绣，右边一女子一手撑下颌，

一手执团扇，作沉思状，神色沉闷忧郁，默然无采。妃子与宫女们并没有刺绣的任务，只是为了打发无聊的时间罢了，这个女子似乎正在叹息着慵困长日，与那一针一线引出来的万缕愁思。

第五组画"倚桐闲话"，一位妃子慵困倚椅，背坐挥扇，另一妃子身倚梧桐，与之相对而谈。其情其景正如元稹《行宫》中言："寥落古行宫，宫花寂寞红。白头宫女在，闲坐说玄宗。"疏疏的几片梧桐叶托出了秋风将起，季节待易的悲愁情绪。在这个寂静的空庭中，有的只是日长如年，和那无限空虚无聊、幽怨、郁闷的愁思与无奈。这些绮罗人物在"风暖鸟声碎，日高花影重"的景色之中，除了那些得宠的贵妃外，一般的宫女就只有"不及严家有莫愁"的感叹了！

周昉真实地反映了盛唐末期，宫廷贵族的奢侈与宫中妇女不自由所产生的难以排遣的忧郁与任人遗弃的社会地位。此画笔线劲挺，设色雅丽。人物体态较张萱的画作更加丰盈，面容臃肿，神色郁闷，深刻地传达出了精神空虚，感情脆弱的宫廷生活。它不同于专图媚色艳态取悦于人的美女画像，有着深刻的社会历史意义。

《簪花仕女图》（图25，图26）是周昉描写贵族妇女生活的另一卷名作。"豪门三日宴，笔底丽人忙"，是当时人对周昉生活的描述。周昉非常擅于表现富贵如花的豪门丽人，此画描写春夏之交几位服饰艳丽的贵族妇女在庭园游戏、赏花闲逸的生活片断。图中六人，一鹤二狗分成三组：

右边一组，画贵妇相对戏犬，一贵妇身披紫色纱衣，右手轻拢纱衫，左手执一拂尘，轻移莲步，侧身逗弄一只摇尾吐舌的宠物小狗。其姿容华贵，身体呈弧度有轻歌漫舞之感。另一贵妇肩披白色透明轻纱，身穿大团红色罗裙，右手指勾挑轻纱，左手伸出纱袖，蝉纱映晰肌，如海棠初放，又如带粉梨花，玉润脂凝，正所谓"肌理细腻骨肉匀"。她似乎正在招呼身边那只小狗。

中间一组，二人向左踱行，步伐舒缓，前面一绮罗贵妇巧手拈花，凝视沉思，服饰华美，体态丰厚，气度雍容。她身后跟着一位执长柄团扇的仕女，木然拘谨，神色黯淡，与贵妇的闲适自得形成对照。

左边一组，远近二人，近处一贵妇手捏蝴蝶贮立花前，正回头注视跑来的小狗和白鹤，身体呈弧形，与最右边的贵妇身态遥相呼应，像括号一样使画面圆润饱满。远处的贵妇正目视远方，轻移莲步。

整个画中的妇女都体态丰硕，面颊圆润，肌肤玉洁。服饰艳丽华贵，线条细劲流畅，精简圆润，极富韵律感。设色浓丽明艳，水色与石色兼用，透明而沉静。很好地表现出贵妇们浓丽丰腴的身态与细腻柔嫩的肌肤，以及高贵丝织服饰那种细柔透明的质感。

图25 周昉《簪花仕女图》

图26 周昉《簪花仕女图》局部

周昉在唐代的画名仅次于吴道子,画人物有兼得神情之誉。有一则故事说:郭子仪的女婿赵纵,曾请当时画家韩幹画了一幅肖像,后又请周昉也画了一幅,大家都说画得很好。郭子仪将两幅画并挂于自己坐位的旁边,看来看去不能辨别两画高下。有一天赵纵的妻子回到娘家,郭子仪便问女儿:"这画的是谁"?答曰:"画的是赵郎"。郭又问:"哪一幅画得最像?"答曰:"两幅画画得都很像,不过后一幅更好。"郭问为什么,女儿说:"前画空得赵郎形貌,后者兼移其神气,得赵郎情性笑言之姿。"这个故事充分说明周昉在人物肖像画上的卓越成就。周昉又能在唐代对观音的表现上"独创水月之体"而被称为"周家样",给后世画家不少启迪。

2.2.2 五代两宋人物画

2.2.2.1 顾闳中的《韩熙载夜宴图》

"天下分久必合,合久必分"。

唐的衰落使北方中原地带先后出现了五个朝代,南方分裂为十个小国,历史的车轮进入五代十国时期。经济发达的南唐在李煜的统治下以南京为都,建立画院,发展文化。他在位虽然只有15年,然而他却十分重视文化艺术的培养与建设,他可以说是为文化艺术而存在的,历史上这样的皇帝除他以外,还有宋徽宗赵佶。他们在政治上是失败的,然而在文化上却创造了历史的辉煌。这一时期,不但诞生了像顾闳中、周文炬这样的人物画家,也诞生了董源、巨然、赵干这样的山水画巨匠,而李煜本人也是中国文化史上著名的词人,在文学史上有着突出的地位。

南唐在李煜的统治下国泰民安,老百姓享受着封建社会少有的安宁、自由、富足,还有文化艺术带给生活的诗意,然而北方北宋政权的日益强大,使南唐在平静的表面下潜藏着亡国的不安与无奈,面对北宋的强大,南唐完全处于一种束手无策的死亡等待之中,如坐针毡。觥筹交错中,长夜漫漫。

李煜欲任韩熙载为宰相,然而韩熙载原是中原人,自然与北宋有着千丝万缕的

图 27 顾闳中《韩熙载夜宴图》局部

联系,在国难当头,李煜欲重用韩熙载,又有疑虑,在两难之中,他派顾闳中与周文炬去韩府参加宴会,充当卧底间谍之类的角色打探虚实。此画即是顾闳中参加完宴会后,通过目识心记的方法,把其所见一一绘出,呈报给李煜的一幅人物画杰作(图27)。

全图像顾恺之的《洛神赋图》一样采用连环画的形式,以卧榻、家具、屏风巧妙地将全画长卷按不同的情节分成相应的段落。图中头戴黑色高帽者就是宰相韩熙载,前两段中身着红衣官服者是状元朗粲。除舞伎、歌者以及家人外,还有三人是他的朋友:太常博士陈雍和门生紫微郎朱铣及教坊副使李嘉明。

图右第一节描写了宴会的情形,韩熙载与状元斜坐于榻上,其他三位客人围几而坐,家奴贮立其间,左角一仕女(李嘉明的妹妹)独奏琵琶,众人的目光一齐聚向她的身上,整个画面沉浸在音乐气氛之中。席间亦有一二人以手相击,应和着琵琶的节奏,看来这是一首大家都比较熟悉的名曲。画面在构图上,人物围聚成圈,既饱满充实,又符合生活的真实,在听音乐这一共同的情节中,每个人表现出不同的姿态与神情。大几小几上杯盏丰盛,从其颜色与形式看当是五代时期有名的越窑瓷器,展现着当时宴会的状况。

第二节韩熙载亲自击鼓,舞女王屋山当众表演"六幺舞"。红衣状元斜倚木椅,观赏着精彩表演。绘画把这一时间性的音乐瞬间,凝固于纸面,韩熙载举起的鼓锤,众人分开的双掌,与即将拍合的乐器,连同舞蹈中蓄势待转的身姿,整齐划一。充分体现着顾闳中细致入微的表现手段和记忆能力。和尚德明对韩熙载的关注与状元朗粲对王屋山的平视,更是相映成趣。从左边余下的三段中我们已经看不到红衣状元的身影。左边第一节,韩熙载右手握着鼓锤,左手向远处致意,大概是击完鼓后正在送走提前离开的人。左数第二节表现着一个音乐合奏的场面,韩熙载宽衣解带,坦胸摇扇,盘坐于椅上从容轻松地听着图中五位乐伎的笛箫合奏。一文人在左侧击节,一仕女在熙载面前说些什么,气氛自然轻松。画家对乐手的描绘更是惟妙惟肖,特别是对正在演奏中的手指动态表现得精巧绝伦,堪称经典。

全图中间这一节描写的是客人散尽,夜已渐深。韩熙载又穿上外衣与家人乐伎聚坐于榻上,铜盆净手准备享用丫环送上的夜宵。画中烛火高置，一家人正沉浸在一种客离主安的休憩情景之中。

顾闳中以其过人的记忆和卓越的画技如实地反映出韩熙载日常生活中的片段。家庭宴会本是一件热闹非凡的事，然而在歌舞升平，纵情声色的表层下，人物都表情忧郁，神志消沉，掩饰不住南唐处在被北宋吞掉的危机下，人们无奈而消沉的情绪。韩熙载像整个南唐一样，消磨着最后的声色繁华。

公元975年，北宋取南唐，李煜被俘，这个文化的精灵，据说被俘去的时候，只带了一方歙砚和李廷圭的墨，也正是用它们写下了梦断愁肠的《虞美人》：

春花秋月何时了，
往事知多少，
小楼昨夜又东风，
故国不堪回首月明中。
雕栏玉砌应犹在，
只是朱颜改，
问君能有几多愁，
恰似一江春水向东流。

落花流水，时光如逝。一切已经不存在了，然而顾闳中却以现实主义表现手法如实地记录了当时的士大夫生活，艺术地表现了特殊时代背景下的人物精神。《韩熙载夜宴图》无疑是五代时期最杰出的人物画代表作。此画构图巧妙，人物造型优美，比例合度，姿态生动，线条流畅，简洁婉约。设色明丽典雅，整幅画用黑色、白色、红色、黄色、石青、石绿、花青等穿插摆布，既丰富多彩而又和谐统一。图中卧榻、桌椅、几案、屏风等家具，共同营造出家庭的氛围。其浓重的黑色块与几何形的直线条，调整并均衡着画面的构成形式。对乐器、团扇、杯盘、衣饰、飘带的描写，细致精微，既丰富着生活的内容，也展现出画面的情趣。这都给我们展示出顾闳中卓越的艺术才华。

《韩熙载夜宴图》是对张萱与周昉的继承与发展，但在人物造型上已没有唐代那种过于丰肥的特点，具有无比珍贵的艺术价值。

2.2.2.2 周文炬的《重屏会棋图》与《文苑图》

《重屏会棋图》(图28)是南唐画院与顾闳中齐名的另一位人物画家周文炬的代表作品。画中描绘南唐中主李璟与其弟晋王景遂、齐王景达、江王景逖会棋的情景。因画中屏风中再画屏风故谓之《重屏会棋图》。图中头戴高帽居中观棋的长者即中主李璟，他手持盘盒，两眼前视，面色沉稳，若有所思。侧身而坐的两个对奕者即是景达和景逖，一个凝神注视棋盘，举棋不定，另一个面带微笑，观察着对方，似乎刚下了一手妙招而略有喜色。他们相互判断着对方的棋路，盘算着决胜的对策。景遂一只手搭在正在下棋的弟弟肩上，感情显得十分融洽，棋盘前各人表现出不同的神色。除此而外，一童子贮立于画面右下角侍候着，旁边几案上有衣简、巾箧，后面李璟坐在榻上置有投壶、棋盒。整个房间环境显得简洁静雅。

图 28 周文炬《重屏会棋图》

人物后面立一方形直角大屏风，屏风上画唐代诗人白居易《偶眠》诗意图，描写一老翁倚榻而卧，一妇立其后，三侍女捧褥铺毡。床后又立一三折屏风，上面绘水墨山水。这种屏中有屏，画中再画的巧妙处理，很有创意。周文炬的精心构思与别出心裁，让时人耳目一新。画风较之唐代更加写实，描绘更细致，人物清秀儒雅，不同的身份与心理活动表现得精细入微。线条细劲曲折，略带起伏顿挫，显得轻松自然，这就是周文炬在学习前人的基础上独创的"战笔描"。他使中国人物画的表现技法又得到了进一步的丰富。

另一幅《文苑图》（图29）上虽有宋徽宗题的"韩滉文苑图"（韩滉系唐代画家），然而此图的笔墨风格却不同于唐画，而与周文炬的《琉璃堂人物图》之后半段毫无二致，且其笔法也明显的是周文炬的"战笔描"。我们可以将此图与韩滉的《五牛图》（图30）相比，两者风格手法相差之大一目了然。诚然，无论《文苑图》姓韩姓周，它都是中国画坛一件上品。

此幅《文苑图》中描写的是唐代诗人王昌龄在他江宁的琉璃堂与诗人李白、高适等人文苑雅集的情景。作者精心刻画了四位诗人冥思苦想、小园觅句的生动情态。在叠石曲松的雅致小园中，一诗人袖手伏在弯曲有趣的松树上，凝神思索旁若无人。右边另一白衣诗人，一手握笔托腮，一手轻捧纸绢，其神态完全沉浸在自己的诗境中，仿佛已吟得了几句精妙的诗句，即将落墨，又仿佛还为一二字迟疑推敲，一童子正在俯身为他砚墨。图左边两位诗人正展开一卷诗文在品赏琢磨，一人作沉思状，另一人扭头回视，似乎被什么声音所吸引，抑或是正在品味自然中的诗意呢！

周文炬把处在特定情景中的四位诗人的神情姿态和性格特征刻画得十分到位，虽然人物姿态不同，但又都统一在构思觅句的诗情氛围中。勾线正是所谓的"战笔描"，毫发毕现，细致而写实。设色朴素雅静，以水墨和花青为主，小面积（腰带，领口）以朱白相填，整个色调体现了当时文人的审美习尚，较之唐代的华贵明艳与富丽堂皇，自有一种铅华落尽后的沉着与质朴。

2.2.2.3 李公麟《临韦偃牧放图》

韦偃是唐代中期除曹霸、韩干之外又一著名的鞍马画家，与杜甫同时代人。杜

图29　周文炬《文苑图》

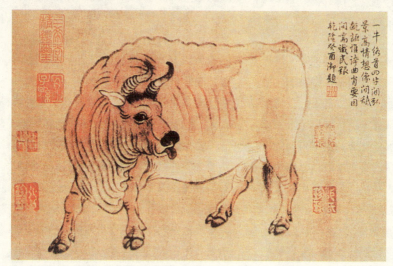

图30　韩滉《五牛图》局部

诗曾有"戏拈秃笔扫骅骝，欻见麒麟出东壁，一匹龁草一匹嘶，坐看千里当霜蹄"之句盛赞他的作品。李公麟是北宋时的著名画家，擅长白描，尤好画马。注重写生，常以真马为模特，"每欲画必观群马，以尽其态。"同代人苏东坡称赞他说："龙眠胸中有千驷，不唯画肉兼画骨。"认为他画马既得曹霸之骨，又得韩幹之肉，可谓骨肉停匀，形神兼得。作为北宋画坛最具权威皇家编纂的《宣和画谱》也认为李公麟的马可以达到"觉陈闳之非贵，视韩幹以未奇"的地步，将他和唐代的画马能手陈闳和韩幹相提并论。李公麟之所以获得如此高誉，除因他善

于观察与写生真马外，就是认真地向传统学习，大量的临摹古代大师的优秀作品。此图就是他临摹韦偃的一幅珍贵作品。

《临韦偃牧放图》（图31）以长卷的形式表现了唐代皇室苑囿中放马的壮观场面。横向构图使画面宏大开阔，画面从左至右在高低不平的土坡和平原间，一百四十余位马官、牧人赶着一千二百多匹健马，蜂拥而来，前呼后应，浩浩荡荡，人叫马嘶，热闹异常。中段以后，马群逐渐散落成组，各自活动，或嬉闹、或奔跑、或低头觅食、或地上翻滚。有漫步缓行的，有顾盼张望的，有静止歇息的，有受惊吓的……姿态

图31 李公麟《临韦偃牧放图》局部

各异,自然生动。放马之人等级不同,有的骑于马上,有的树下休息,有的穿戴齐整,有的赤足敞怀,各尽其态。整个画面右半边,人马密集拥塞,给人以紧张的感觉。左半边逐渐疏散零落,气势松弛。有紧有松,有急有缓。在这大密大疏,一张一弛中,既符合人情物理又具有强烈的节奏美感。面对这样壮阔非凡的大手笔我们只有惊目赞叹"欲辩而忘言。"

作品里如此众多的人物、马匹皆用墨线勾勒,线条应物象形,挺拔有力,墨色浓重。坡石用较淡的墨线粗勾而略带皴擦。整个画面设色古丽,马匹纯白、五花、枣红、黄骠、赤兔、乌龙各色相间,丰富多彩,而各色又被墨色与赭黄底色所统一,显得沉稳而和谐。几棵静静贮立的绿树散布于远近左右,形成画面少有的几根竖线,与如水如潮的马群形成横势与纵势的相映。画面更多的则是借山岗土坡的起伏使人物马群有遮有掩,在隐显掩映中表现了马群的回环远近而避免了铺陈单调之嫌。巧妙的藏露、聚散,使作品主题更加突出,既有宏观上扑面而来的视觉吸引力,令人激动,令人震撼,又有微观上精巧而含蓄的细节叫人品赏,叫人回味。

李公麟的卓绝画技远不能由这一临摹之作就可以涵盖,其白描人物画将中国画线条这一单纯的表现语言运用得游刃有余。通过线条的浓淡、粗细、虚实、轻重、急缓、刚柔、曲直等变化,就将所画对象的形体、质感、量感、运动感、空间感全然画出。从他画的《维摩演教图》《五马图》以及受其画风影响的《八十七神仙卷》《朝元仪仗图》等,我们可以领略到他白描线画的神采与雅韵。然而我们却无暇一一品赏,在大师林立的宋代画坛,我们只好遗憾地向这位大师招招手说再见了,因为还有更多的艺术心灵与我们有约。

2.2.2.4 李嵩的《货郎图》

一个原本僻静的江南小村,因为来了一个串乡的货郎而使这个寂静小村子一下子沸腾起来,那一连串诱惑人心的拨浪鼓声,紧紧地揪住了孩子们的心,对他们来说这是多么新奇而难忘的日子啊!此刻谁也按奈不住激动与兴奋的心情,直奔上前,蜂涌而至,去满足他们对新鲜事物的好奇,去满足他们对玩具的渴望。那些已经获得玩具的幸运儿,手舞足蹈,欢呼雀跃地到处显摆,这一天的荣耀与自得也会使他永生难忘。面对琳琅满目的诸多玩意

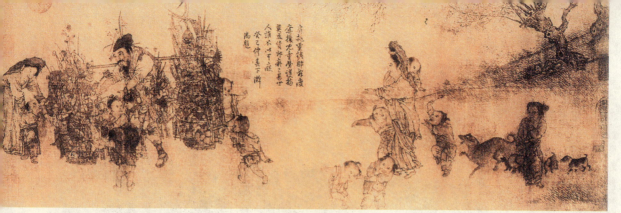

图32 李嵩《货郎图》

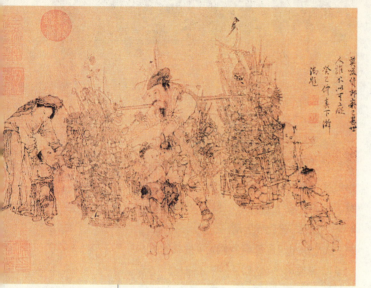

图33 李嵩《货郎图》局部

儿,人人馋涎欲滴,然而严酷的经济现实总会使大量的孩子们有渴望而不可及的失望与无奈,没有实现愿望的孩子会黯然神伤,这一天对他来说大概也是刻骨铭心的。几家欢喜几家愁,不管怎样这个可恶又可爱的货郎担子,使山村的这个日夜再也无法平静如常了。

对于我们来说,这种情景已成为遥远而模糊的儿时之梦,然而多年以后的今天,呈现在我们面前的《货郎图》(图32、图33)却浮现了那孩提时的记忆。北宋画院画家李嵩以白描而略施淡染的手法表现了当时货郎到乡的热闹场景。图左一手持拨浪鼓的老者,身上背挂着无数细什玩意儿,旁边停放的货郎担子,被一妇人与六孩童围着。货郎担上的玩具描画得真实具体,细致入微,繁密而复杂。这种事无巨细、一丝不苟的描画真令人叫绝。老货郎神情和蔼,一妇人正指导孩子挑选玩具、糖果,另五位孩子指手划脚,奔走呼号,面对眼花撩乱的物品各显其态。图右部分与图左形成呼应与连续,一妇人抱着小孩正被另一稍大点的孩子拉着、闹着快步走向货郎担。身后跟着一小孩正手挥着已买到的拨浪鼓,嬉逗着她肩上的孩子,其神情欢呼得意。稍下方两个小孩刻画得尤其精彩,大概是兄弟俩,大孩子一边啃着窝头、玉米棒之类的食品,一边将弟弟向回拉扯。而小孩子则禁不住货郎的吸引,使出全身的力气欲挣脱其手,其情其景逼真而传神。画面右下角,一稍大的孩子将行又欲止,回头张望,留连不舍,一只手提着大葫芦,一只手指吮在口中,既按奈不住对货郎的向往,又似乎深知家境的贫寒,父母绝不会许自己去观望购买。这种懂事而又无奈的心理被李嵩刻画得淋漓尽致,她的黯然神色与身后的欢快奔走的几只狗相映成趣。

李嵩勾线繁细,人物造型逼真写实,对小孩的心理更是体察入微,妙笔传神,很好地再现了这一热闹而美好的时刻,也许在这里面还能看到我们自己的身影呢!

2.2.2.5 张择端的《清明上河图》

唐张若虚以一首《春江花月夜》而蜚声诗坛,与其相似的是北宋张择端亦因有一幅《清明上河图》(图34)而驰名千古,都可谓孤本留芳了。

　　北宋末年随着商业的发展与统治阶级对人民资财的掠夺，带来了城市的极度繁荣。汴京（今开封）成为当时最大的都市。皇帝、贵族、大贾、商人们集中于此，享用着四方货利百物，过着奢侈逸乐的生活。擅画市桥、舟车、郭径的画家张择端以自己的亲身体验，用生花妙笔将这"太平日久，人物繁华，垂髫之童，但习鼓舞。斑白之老，不识干戈"（《东京梦华录》）的繁华富庶之京城民生一一描出，成为千古名作。

　　卷首从右向左描绘的是汴梁城郊之景，只见春草迷离，杨柳新绿。几户茅舍零落其间，一派清明初春之景。一队人马正自郊外踏青归来，那青呢小轿上还插着杨柳新花，四垂遮映。忽然，队伍中一匹马不知何故受惊，竟冲了出来，人皆惊呼。道旁的农夫忙将爱儿唤回，茶肆中闲谈之人惊慌回首而面带惧色。远处有人也急着将正在路心的老者扶至路旁，连正在悠然小憩的水牛也抬头观望。画家用这样饶有趣味的一幕将人们引入了这幅巨制之中。

　　沿路而上即是河道，汴河是宋代经济的命脉。树荫下停泊着整休的船只，堤岸上的酒肆还未开张，店家正在向上游的入港船只观望。上游的码头却是一派舟来楫往的繁忙景象，船工们正在紧张地准备船只靠岸。已靠岸的船只上，货物被有序地卸运。上岸的船工抛去旅途的劳顿，融入熙熙攘攘的都市生活中去了……

　　不远处的一座大桥将人们的视线带入了一个繁忙、紧张、热闹的场景，成为这幅画的高潮。桥下一船横于河上，正要逆流穿过拱桥，可是桥身太矮，只得将船上的桅杆放倒。河水汹涌湍急，已将船只冲斜。桥左边的一只船恰恰也是这个时候要顺流穿过拱桥，一半船身已隐于桥下。迅急的水流，狭窄的河道，低矮的桥拱使这两只船会很快相撞，情势危急。顺流的船

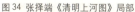

图 34 张择端《清明上河图》局部

尾有六七人把舵，小心谨慎，并已将大铁锚抛下六七条以减船速。逆流的船头，梢公们七忙八乱，撑篙的、放竿的、大喊大叫招呼的，一派紧张忙乱。近处有人已站在船顶上打着手势呼喊指挥。周围人的情绪都被这次桥下会船的紧急关头所吸引，桥上桥下围满了人。有人甚至已翻出桥栏准备搭手。而这时的桥上，本就不甚宽阔，又有商贩占道经营，再加上围观之人就更显得紧张窄小。

在这个进城的要道上，南来北往的人，车水马龙，熙熙攘攘，如潮如梭，一派热闹繁荣的景象。车夫行色匆匆，闲人驻足立观，商贩沿街叫卖，店家招徕生意。最着急的就是欲进城办差的官员，几乎与迎面而来的小轿撞个正着。

汴河两岸形成集市，担柴卖米者随处可见，茶舍酒肆林立。绿柳枝头，透窗望去，宾客如云，茶色酒香几欲可闻。溯流而上，不久便是城门，雕梁画栋，好不巍峨。一队满载的商队正欲出城，道旁的行人对此熟视无睹，这样的商队怕是见得多了。城门内便是汴梁城了，这里人口和商业明显更为集中。货栈的老板紧张地清算货物，油坊的伙计忙碌地制作香油，肉铺的门口排起了长龙，茶肆廊下聚起了一群人，正聚精会神地听说书老人讲传奇呢！孩子们在人墙外面，急得直往里钻。担担的、赶车的、骑马的、乘轿的、闲谈的……构成了本图中最繁华热闹的场面。画家生动的笔触，精绝的构思使都市的喧嚣迎面扑来，活脱脱地描画出宋代民俗的百相图。

图35 梁楷《泼墨仙人图》

2.2.2.6 梁楷的《泼墨仙人图》

老子曰："静极思动"。

人物画那种制度森严的细笔描绘，画得多了，自然也就想大笔挥洒以求痛快轻松。就像楷书写多了，想写几笔草书释放一下情绪一样。

于是宋代的文人在笔砚之余就开始喜欢不求形似的涂涂抹抹，聊寄逸兴。南宋画院的梁楷，秉性疏野豪放，喜饮酒，常常"一杯在手，笑傲王侯。"他为人处事不拘小节，无法忍受画院的规矩约束，于是将宋宁宗赐给他的金带挂于院中，离职而去，被人称为"梁疯子"。他早年还是学习李公麟的白描人物一路，离开画院后多与佛道寺僧交往，中年后就变细笔白描为水墨逸笔，开创泼墨大写的减笔人物画风而自成一格。为写意人物画的发展做出了重大的贡献。

不知是梁楷哪次酒酣耳热之后,挥了挥手中的大笔,就为我们留下了这幅珍贵的《泼墨仙人图》(图35),图中除了面部眉眼、耳朵和胸部略用细笔线条勾勒以外,宽大的黑衣布袍,包括头发皆用阔笔泼墨扫出,墨色酣畅淋漓,简约之至。然而这几笔看似随手拈来,毫不经意的水墨横扫却能很好地抓住人物最能传神的特征,绘出仙人步履蹒跚的醉态,神韵十足。在梁楷笔下人物被高度概括和精练化,忽略了不关紧要的衣饰细节和双手,只是夸张地突出人物醉后的神态和身态。形象奇怪生动,具有很强的幽默感。额头高耸,眉眼集中,大腹便便,步履蹒跚,一副沉醉神情,跃然纸上,令人叫绝。梁楷这种狂肆的人物画法在后世几乎成为绝响。

2.2.3 元明清及近代人物画

南宋灭亡后,画院体制随之解体,在元代赵孟頫"书法入画"的大旗下,画坛掀起一股复古狂潮,带来了文人画的勃兴。元代文人多不愿入朝做官,隐迹江湖,过着自由野逸的生活,因而他们笔下也多是山水林泉和梅兰竹菊。

"逸笔草草不求形似"的造型观念;遁世隐逸的思想;诗书画印相结合的形式;借物抒怀,直写胸臆,强调"士气"的文人画精神;使文人更关注自然与理想而淡漠现世人生。在整个元明清的绘画史中,人物画的发展一直不如花鸟画,更不如山水画。

图36 陈老莲《屈子行吟图》

虽然也出现了诸如赵孟頫、唐寅、仇英、陈洪绶、金农、黄慎、任伯年等一批大家,但总体上已大不如前,走向了衰落。人物画题材也愈来愈世俗化和民间化。除了高人逸士,就是些勾栏仕女、佛道神鬼,而更多的则是作为山水画配景的渔、樵、耕、读。从独立意义的人物画创作来看,明代的陈老莲、清代的任伯年就显得格外突出。

2.2.3.1 明末怪杰陈老莲

陈老莲,名洪绶,字章侯,幼名莲子,年龄大了,遂改作老莲。他少年聪颖,天资超人,四岁时在一新粉白墙上画关羽像,人见后就急忙下拜。十四岁时他所作之画悬于马市即被人买去。十九岁,创作《九歌》人物图十一幅,并画了《屈子行吟图》(图36)。把面容憔悴,身体羸弱,长冠宽衣,挟带长剑,忧国爱民,流涕长叹的屈原,刻画得神态入微,千载之下,如见其人。成为历史上最成功的屈子像。

陈老莲中年十分坎坷,有意于功名,

图37 陈老莲《笼鹅图》

却每每名落孙山。自题诗曰："廿五年来名不成，题诗除夕莫伤情。世间多少真男子，白发俱从此夜生"。对于落榜他曾安慰自己说："譬如不识字，何念及功名。"但他对功名还是没有死心，于是他上北京寻求进入国子监的门路。他本想在国子监干一番救国兴邦的大事，结果崇祯皇帝看重的却是他的绘画才能，让他去临摹历代名画。这使他非常痛苦，三年后陈老莲写了一首《问天》诗："李贺能诗玉楼去，曼卿善饮主芙蓉。病夫二事非所长，乞与人间作画工？"断然离职，回到南方，借居在山阴的青藤书屋，吟诗作画。

就在他回到家乡的第二年（1644年），李自成打进北京，崇祯帝自杀身亡，吴三桂引清兵入关。这为中原带来了灾难，也为陈老莲带来了灾难。清军进犯浙东时，他被清军所抓。清军官员久闻其画名，急令其作画，陈不画，以刃迫之，仍不画。后来陈老莲逃至云门寺落发为僧。由于生活艰苦，一年后他又回到了绍兴市，以卖画为生。战乱中他举步维艰，1649年春天他又移居繁华的杭州，辛勤作画，开始了他艺术创作的最高峰。三年后去世，享年55岁。

虽然陈老莲的一生坎坷，命运多舛，但经过他的努力，却带来了中国人物画的勃兴，使一度衰落沉寂的人物画得以振兴。他学习北宋李公麟，上追唐、晋古法。创造了充满高古气息的古雅格调。在人物画坛起到扭转乾坤的作用，并对清代的人物画、版画、民间绘画产生了重大的影响。由于陈老莲好古、尚古，所以他人物画的大部分题材都在表现古代高人逸士。

《笼鹅图》（图37）画的就是东晋大书法家王羲之爱鹅的故事。羲之"性爱鹅，会稽有孤居姥养一鹅，善鸣，求市未能得，遂携亲友命驾就观。姥闻羲之将至，烹以待之，羲之叹惜弥日。又山阴有一道士，养好鹅，羲之往观焉，意甚悦，固求市之。道士云：'为写《道德经》，当举群相赠耳。'羲之欣然写毕，笼鹅而归，甚以为乐。"图中王羲之在前，手执团扇，峨冠博带。身后一老仆，左手执杖，右手提笼，画的就是笼鹅而归的情景。陈老莲以清圆细劲的线条，画出了王羲之性情舒缓，衣带也舒缓的飘逸风采，通过细劲的用线和古淡的

图38 陈老莲《斜倚熏笼图》

图39 陈老莲《斜倚熏笼图》局部

衣袂,奕奕有仙气……笔墨倩冶,工而入逸,脱去脂粉,独写性情,乍凝视以多思,亦含愁而欲语,徘徊想似,如矜如痴。即其间芳草无言,裙香暗展。石影映珊瑚之骨,兰风浮玉腕之香。点缀倩幽,令人魂销心死……"看来陈老莲的人物画既画出了超俗逸气,又画出了活泼生机,以致令观画者都为之痴迷。

2.2.3.2 海派任伯年

清代中期的人物画以扬州画派的金农、黄慎、罗聘等为代表,到了清代晚期,随着经济中心的转移,绘画中心也由扬州转到了上海。出现了以写意花鸟、人物为主的海上画派,任熊、任薰、任颐被称为"海上三任"而引人注目。其中尤以任颐(字伯年)的成就最大,影响最远。海上三任在人物画方面都学习陈老莲。不同的是任熊、任薰继承了陈老莲画中方硬刚劲的一面,而对陈老莲画中圆润、细劲、高古的一面很难把握到。但是任伯年却二者兼有且尤以圆转飘逸胜出。

和陈老莲不同的是,任伯年继承了陈老莲人物画的造型特征,却一改他工笔细

设色,传递出了高雅脱俗的高古气韵。

陈老莲和魏晋高人逸士一样爱饮酒,喜美色。因而他除了画王羲之、陶渊明一类的高士外,还擅长描绘美人仕女。他笔下的仕女形象超凡脱俗,瑰姿娴雅,丰肌秀骨中含有一种不染纤尘的高古逸气。如一般人所说的有仙气、雅气,无尘俗气。《斜倚熏笼图》(图38、图39)表现的就是这样一位秀雅娴静的仕女身披被服斜倚熏笼,正为被服熏香的闲趣之景。木榻上美人半坐半卧,一边熏香,一边抬头嬉逗鹦鹉,姿态优美,神情娴雅。正如龚鼎孳所说:"章候画妙绝一时,所作仕女图,风神

描的高古用线，变成笔势纵逸的写意用笔，以充满动感，圆转纵逸的"钉头鼠尾描"著称。绘画题材也从描画高人逸士、勾栏仕女，扩展到神鬼仙佛、民间传奇和现世肖像。因而任伯年的画就明显的介于传统与现代之间，文人画与民间绘画之间，成为清代画坛一个关键性的人物。其实在任伯年的绘画艺术中，写意花鸟画的成就远大于人物画，但由于元明清人物画坛太偏于冷寂，于是他就成了首屈一指的人物画大家。

经济的发展带来了绘画市场的繁荣，上海为任伯年提供了卖画的机遇。市民阶级对绘画的需求，使中国画逐渐从阳春白雪式的文人清趣，走向丰富多彩的世俗趣味，同时也造就了画家的多产。装点宅居，过节祝寿，在中国这个非常注重礼仪的国度，书画自然就成了最风雅的馈赠之品。任伯年乐此不疲，画了很多祝寿、献寿之类的作品，也创作了大量镇宅避邪用的钟馗像。

钟馗是民间传说中的捉鬼之神。传说唐开元年间，唐玄宗染了疟疾，昏睡床上，梦见一个小鬼，一脚穿鞋，一脚赤裸，腰上吊着鞋，别着扇子，下身穿一条红布兜裤。小鬼偷走了杨贵妃的香袋和玄宗的玉笛，并在寝宫奔逐戏闹，戏耍玄宗。玄宗恼羞成怒，大声斥骂，问他到底是何东西。小鬼笑着说："我叫虚耗，虚就是偷盗人家的财物如儿戏，耗就是使人减喜添忧把好事变成坏事。"唐玄宗怒不可遏，刚想呼武士前来捉拿，这时忽见一巨鬼，头顶破帽，身穿蓝袍，系角带，蹬朝靴，不费吹灰之力，就将小鬼抓住。先挖其双眼，后斩为两段，从头部开始咔嚓、咔嚓将整个小鬼吃进肚里。玄宗大惊失色地问道："你是何人？"那巨鬼启奏说："我是终南县的进士钟馗，因殿试落第，无颜回见家乡父老，就撞死在殿前石阶之上。高祖闻讯，赐予绿袍厚葬，臣铭恩在心，因此帮助圣上除去虚耗妖孽之事。"钟馗说完，玄宗便醒了，疟疾也不知不觉地好了。玄宗大喜，于是

图40 任伯年《钟馗》

图41 蒋兆和《流民图》局部

图42 蒋兆和《流民图》局部

召吴道子依梦中形象画出钟馗,并晓谕天下:"钟馗力大无比,能驱魔鬼,镇妖气,全国百姓在除夕之夜务必张贴。"于是就形成了张贴钟馗的民间习俗。

任伯年所画的这幅《钟馗》(图40)像,高大威猛,形象刚毅,怒目斜视,横利剑于胸前,给人以极大的威慑力。用笔用线也方折刚健,气韵贯通,浓墨粗笔,气势不凡。学习陈老莲刚健方折一路的笔法,但更显得威猛有力,劲利通畅。在设色上热烈、明丽,更符合民间的欣赏习惯。在这里,钟馗捉鬼的情节被省略了,只留下单纯的形象,很有民间版画的意味,也更具象征意义。任伯年画钟馗一类形象时线条多刚劲有力,画文人雅士与仕女时线条又飘逸有韵。他使笔墨形式常常能与人物形象和气质相得益彰,产生良好的艺术效果。

2.2.3.3 蒋兆和的《流民图》

鸦片战争,西方列强用洋枪大炮打开了固步自封的国门,封建王朝苟延残喘,国内民不聊生。知识分子意识到要救国必须向西方学习。20世纪初,美术界以徐悲鸿、林风眠、刘海粟为代表留洋欧洲,学习油画,引进素描教学体系。尤其是徐悲鸿打出了"洋为中用"的旗号,希望通过西方写实艺术改良和振兴中国人物画,他把素描提到了重要的地位。对于中国画传统他认为:"古法之佳者守之,垂绝者继之,不佳者改之,未足者增之,西方绘画之可采入者融之。"他自己也躬身力行,成为20世纪最具影响的美术教育家和伟大画家。

蒋兆和是徐悲鸿教育体系与美术观念

最突出的实践者。他生于四川，自幼随父学画，年轻时到上海画像，曾从事橱窗设计，画过舞台布景与月份牌，也学过雕塑。他一生艰苦贫穷，但对绘画总是坚持苦学。徐悲鸿对他的影响最大，帮助也最大。他曾有一次出国学习的机会但终因无钱前往而放弃。1935年他迁居北平以办画室授徒为业。

他的代表作品《流民图》（图41、图42），是20世纪中国人物画不能不提的里程碑式的作品。1941年开始构思，至1943年9月制作完成，高2米，长26米，是一件少有的宏幅巨制。也是一件充满深刻意义的现实主义作品，真实地反映出20世纪上半叶中国老百姓水深火热的生存现状，饱含着蒋兆和对民间劳动人民疾苦的深切同情，强烈地震撼着人们的心灵。蒋兆和用写实素描的手法和中国传统的线条水墨相结合，创造出新时期的中国人物画，是典型的"中西融合"。《流民图》使中国人物画从传统过渡到了现代，也使人物画题材从表现高人雅士，转向表现劳苦大众。蒋兆和说："识吾画者皆天下穷人，唯我所同情者，乃旁道之饿殍。"蒋兆和最能理解穷人的酸甜苦辣，他的作品正如评论界所谓："全都是画家用良心画出来的，无非是为了希望改变这个不合理的社会现实。"

《流民图》之后，新中国成立了。叶浅予以简洁的手法表现载歌载舞的少数民族；黄胄用速写式的水墨手段描画新疆人民的欢乐幸福；周思聪也画了《人民和总理》以及《矿工图》；刘文西笔下的陕北老农脸上也总挂着新时代的笑容……他们多多少少都受过《流民图》的启示。

2.3 天人合一的山水世界

中国山水画的独立在魏晋时期，源于山水田园诗和园林营造图。中国山水画一上场就和哲学密不可分，成了魏晋玄学的产物。最早的山水画家、理论家宗炳就从理论上把山水画提到一个"道"的高度。他所谓"澄怀观道，卧以游之"。在这里，山水的内容与哲学的追求是一致的。从神本到人本，人性的觉醒，使得人的主题展现通过山水画的要求与"道"的自然相统一。天人合一的哲学观念一直影响着中国山水画的发展，从观照人类自身到观照自然，再从对自然山水的观照来反映人的心灵世界，艺术家、画家恒久的眷恋着山水之道与人文之道所共同构建的精神家园，让心灵永远都沉浸在那物我化一、完美和谐的山水田园世界里。

中国的文人、艺术家向往山林，寄情山水，在精神上崇尚回归自然，在艺术风格上崇尚平淡宁静与萧散蕴藉，通过山林泉石、浮云烟霞构建着他们的人生意境。阅读每一幅山水画就如同打开了一个尘封的心扉，就让我们在这些伟大的灵魂里驻足，将浮喧的心灵涤净吧！

图43 展子虔《游春图》

2.3.1 隋唐山水画

2.3.1.1 展子虔的《游春图》

中国最早的山水画我们今天能见到的是洛阳望都一带的汉墓壁画。但是这些山水画并不是作为山水专题来描写的，而是作为人物画的背景，陪衬人物用的。到了魏晋南北朝时，山水画有了独立的审美价值，但是表现技法却还很稚拙，不是"人大于山"，就是"水不容泛"，而且大多是作为庄园时代贵族依山傍水兴建家园庙宇的建筑蓝图。山水画的成熟正是从描绘建筑环境的过程中逐步独立出来，成为纯精神意义、有独立欣赏价值，最终上升到"道"的哲学高度以后的山水画。这样的山水画在唐以后即成为中国绘画的主流，而标志早期山水画独立的正是隋代（公元581—617年）展子虔的《游春图》(图43)。

《游春图》动人地描写了许多士人在山水中游乐纵情的身影，巧妙地表现出阳光明媚的春天景象，苍翠葱茏，春波荡漾。人们或策马纵游于堤岸，或畅情泛舟于湖上，或静静伫立于树旁，正观赏着阳春美景，或许还在构思美妙的诗篇呢！画面全景式地展现了郊原堤岸、幽谷茂林与逶迤远去的湖光山色。画中山水境界开阔，给游者和赏者都展开了任由纵目的余地，春光明媚，人心欢愉，这一切都无不传达着作者对山水的感受和对春天的赞美。《游春图》如实地给我们展现了隋统一后士大夫游玩山水的那份悠然逸兴。

展子虔在绘画技法上用勾线填色的青绿画法，人物与云彩用铅粉点染，活跃而醒目，体现着早期山水画没有皴法的技法特色。而在处理山水的透视关系上，也有了很大的进步，已经注意到空间的深度，有"咫尺千里之趣"。"人大于山"的现象在展子虔时代已经没有了，人物与山川在透视上有了一定的比例关系，为北宋山水画"丈山尺树，寸马豆人，远山无皴，远人无目，远水无波……"等理论奠定了基础。《游春图》青绿勾填的山水风格，后来也被唐代山水画家李思训及其子李昭道学习并发展成"金碧辉映"的青绿山水画派而影响至今。因此，展子虔被誉为"唐画之祖"。

图 44 李思训《江帆楼阁图》

2.3.1.2 李思训和李昭道的青绿山水

李思训（653—718年）唐代御林大将军，后又转为左武卫大将军，画名大炽之后，后世尊称其为"大李将军"。其子李昭道，虽官职只到中书舍人，因其山水画子继父业，成就杰出，后世称其为"小李将军"。李氏父子学习展子虔，并发展了这一青绿山水风格，规格严密，笔法工整，色彩浓烈，面貌繁华典丽。反映了盛唐时期，帝国强盛、富贵庄丽的时代气氛，是古典画派极盛时期的代表。

李思训的《江帆楼阁图》(图44)表现的也是游春情景，近景山岭间有长松桃竹掩映，山径中露出殿廊楼阁，其间数人或乘马、或步行于堤岸，游赏春日景色。山外江天空阔，烟水浩淼，飘动着几只如叶的小舟，显得意境开阔深远。近景山石繁密，远景江天辽阔，大实大虚形成很强的对比。山石林木以曲折的细笔勾勒，充分体现着从展子虔发展而来的李氏风格。树木交叉取势，注重穿插，变化丰富，有姿有态。把山水构图的整体大势与局部"豆马寸人须眉毕露"一丝不苟的精致描写统一在一起。山石着色以石青、石绿两种浓重的色彩为主，又勾金描银，显得金碧辉煌，极大地展现着盛唐繁华典丽的风格。

李昭道的《明皇幸蜀图》(图45)，表现的是唐明皇为避"安史之乱"而入蜀的历史图画。春天景致，青绿着色。布局取势俨然一幅崇山峻岭、魏耸险峻的蜀道山水。山路迂回盘曲，栈道危临绝壑，人马穿梭其间，白云缭绕天际……乍看起来青山白云，仿佛是一片游春的景象，实则是一幅逃亡的纪实。"蜀道难，难于上青天"，画中人物不乏狼狈仓皇。作者也许是有意识的把画幅的中央安排成人马劳顿的侍从歇饷场面，而马骑吃惊的唐明皇和他的嫔妃、侍臣们则压缩在画幅的右下角。作者对这群远途劳顿的"贵人"描绘得相当深刻，苏东坡有这样的记述："嘉陵山川，帝乘赤骠起三骏，与诸王及妍御十数骑，出飞天岭下，初见平陆，马皆若惊，而帝马见小桥，作徘徊不进状。"右下角桥边一着红衣，乘三花黑马，正待过桥的就是唐明皇李隆基。马儿徘徊，人心惆怅。能不惆怅吗？失去贵妃的大唐皇帝，正面临着失去国家的危险，身边的春光水色又怎能有闲情逸致去欣赏呢？李昭道卓越地处理了这个历史题材。画幅中央有乾隆有趣的

图45 李昭道《明皇幸蜀图》

题诗:"青绿绕关山,崎岖道路长,客人各结束,行李自周详,总为名和利,那辞劳和忙。年陈失姓氏,北宋近乎唐。"作为皇帝的乾隆自然是忌讳"皇帝避难"而题为商人队伍了。

李氏父子山水画的风格特点严密谨细,繁华典丽,和吴道子形成鲜明对比。朱景玄在《唐朝名画录》中说:"明皇天宝时,忽思蜀道嘉陵江水,遂假吴生驿驷,令往写貌。及回日,帝问其状,奏曰:'臣无粉身,并记在心。'后宣令于大同殿图之。嘉陵江三百余里山水,一日而毕。明皇云:'李思训数月之功,吴道子一日之迹,皆尽其妙也。'"吴道子一日之迹可知其简,李思训数月之功可知其繁。风格不同,意境俱妙。李氏父子在技法上的一大进步就在于,他在展子虔只用线勾的基础上加入了"勾斫"。"勾斫"是画山石勾其外轮廓之后,于外轮廓内,再用首重尾轻、形如斧斫的笔痕表现其阴阳凹凸的变化,这样就更具体表现了山水的真实面貌,成为山水画"皴法"的前兆。

2.3.1.3　王维的水墨山水

王维首先是诗人,其次是画家。然而他在绘画上的贡献却很大,以至于后人称他为"文人画之祖",而他自己也在诗中表明了他对画的迷恋胜于诗:"宿世缪词客,前身应画师,未能舍余习,偶被时人知。"(《偶然作》)。王维是真正的将诗意和画意融为一体的,诗是有声画,画是无声诗。苏东坡说:"味摩诘(王维)之诗,诗中有画;观摩诘之画,画中有诗。"王维的画中具有诗的意境而并不题诗,这和后世直接在画上题诗不同。王维的诗画意趣是相通的:

"空山不见人,但闻人语响
返景入深林,复照青苔上。"
"声喧乱石中,色静深松里。
渡头余落日,墟里上孤烟。"
"山中一夜雨,树杪百重泉。"
"大漠孤烟直,长河落日圆。"
"行到水穷处,坐看云起时。"
"江流天地外,山色有无中。"
"白云回望合,青霭入看无。"

图46 王维《江岸雪意图》

"逶迤南川水，明灭青林端。"

这一句句诗中，都闪烁着一幅幅绝妙的中国山水画。给人以幽微、寥廓、淡远的感受，令人悠然意远，欲辩忘言。

王维幼年即通音律，善诗文，后官至尚书右丞，一直过着半官半隐的悠闲生活。他隐居于长安郊外的蓝田辋川中弹琴赋诗，啸傲终日，以禅颂和绘画安度晚年。而且对自己独创的水墨画意趣，兴致越来越浓。"老来懒赋诗，前身应画师"的自称为画师，笔耕砚田，乐此不疲。我们不难从他的《山水诀》中看出他对山水画的深入研究。

《山水诀》：

夫画道之中，水墨为上，肇自然之性，成造化之功，或咫尺之图，写千里之景。东西南北，宛尔目前，春夏秋冬，生于笔下。初铺水际，忌为浮泛之山，次布路岐，莫作连绵之道。主峰最易高耸，客山须是奔趋，回抱处僧舍可安，水陆边人家可置。村庄著数树以成林，枝须抱体。山崖合一水而瀑泻，泉不乱流。渡口只宜寂寂，人行须是疏疏。泛舟楫之桥梁，且宜高耸，着渔人之钓艇，低乃无妨。悬崖险峻之间，好安怪木，峭壁悬崖之处，莫可通途。远岫与云容相接，遥天共水色交光。山钩巢处，源流最出其中，路接危时，栈道可安于此。平地楼台，偏宜高柳映人家，名山寺观，雅称奇杉衬楼阁。远景烟笼，深岩云锁。酒旗则当路高悬，客帆宜遇水低挂。远山需要低排，近树惟宜拔迸。手亲笔砚之余，有时游戏三昧，岁月遥永，颇探幽微。妙悟者不在多言，善学者还从规矩。

王维在绘画上的贡献除了画意即诗意外，就是创造了水墨山水。这一"水墨为上"的观念，在后来的山水画发展中一直占着主导地位而经久不衰。王维初学吴道子，并受李思训画风影响，早期风格严谨，后大胆创新，开始画破墨山水。"破墨"就是把墨加水分破成浓淡不同的层次，运用"渲染法"来表现山峦的阴阳向背，一变李氏父子的"勾斫"之法。水墨的运用使王维的画面产生浓浓淡淡，虚虚实实，幽微玄奥，淡逸超脱的韵味，引无数文人迷恋。王维与陶渊明一样是不甚得志而有着隐逸思想的文人士大夫，深受禅宗思想的影响，在其诗画作品浸透着"色空有无之间"的深意与旷远幽微的艺术表现，而水墨这一手段就更加增强了这一平淡野逸的艺术魅力。

王维的真迹现在很难看到，《江岸雪意图》(图46)相传是王维的作品。画面匀净空透，水色微茫，冰天雪地，萧刹迷濛，充分体现着王维"水墨为上"的技法与"平淡旷远"的精神追求。王维喜画雪景，这不仅便于水墨技法的施展，也因雪景的空灵静寂与纯洁明净，更切合于自己的心灵与性情。明代书画理论家李日华在《紫桃轩杂缀》中说："绘事以微茫惨淡为妙境，非性灵廓彻者未易证入。所谓气韵必在先知，正处虚淡中所含意多耳。"而王维则是真正的性灵廓彻者。

2.3.2 五代两宋山水画

2.3.2.1 荆浩与《匡庐图》

荆浩是纯粹意义上的画家。在唐末乱世之际，荆浩隐居于太行山之洪谷，自号洪谷子，耕田作画，对景写生，只写生松树就有数万本，可见其勤奋学习，认真研究的态度。有一年，荆浩入山，遇见一叟与他攀谈，授他笔法，并告诫他说："嗜欲者，生之贼也，名贤纵乐，琴书图画，伐去杂欲。"荆浩按老人的指导悉心钻研山水画，写下一部山水画理论著作《笔法记》，并成为大画家而引领百代。

图47 荆浩《匡庐图》

在荆浩之前，中国画的一路是讲究用笔用线，最突出的代表是顾恺之、吴道子。而另一路是偏重于水墨探索，最重要的代表是王维、张璪、王洽、项容等。荆浩认为："吴道子有笔而无墨，项容有墨而无笔，吾当采二子之所长，成一家之体。"怎样处理好用笔与用墨之间的微妙关系，成为荆浩课题。晋朝书法家卫夫人在《笔阵图》中说："善笔力者多骨，不善笔力者多肉。多骨微肉者谓之筋书，多肉微骨者谓之墨猪。多力半筋者圣，无力无筋着病。"而荆浩参考这种微妙的书法用笔方法并移用于画，而创造了有笔有墨，有骨有肉，笔墨相得益彰的山水。他曾在《笔法记》中说："笔绝而不断谓之筋，起伏成实谓之肉，生死刚正谓之骨，画迹不败谓之气"的用笔"四势"：筋、肉、骨、气。

他的代表作品《匡庐图》(图47)，表现的是江南庐山，但所用勾皴之笔坚凝挺峻,仍带有北方太行山雄伟峻拔的特色。大山淡逸而小石浓重,水面和云气都用淡墨烘染,整体上黑白虚实的映带衔接极为自然且富有生活意趣。画中山石先勾轮廓,用笔中锋而略带侧势,力在笔端,起笔重下,收笔提起,头重尾轻。皴法如钉头而略带小披麻,又如泥里拔针而略带小斧劈,一笔接一笔,一气呵成。显得气象天然,笔墨浑成,展现出自然山水的真境。其意境确如后人在画上的题诗:

其一

　　岚渍晴重滴翠浓,
　　苍松绕图万重重;
　　瀑布飞下三千尺,
　　写出庐山五老峰。

其二

　　翠微深处墨轩楹,
　　绝蹬悬崖瀑布明;
　　借我扁舟荡碧空,
　　一壶春酒看余生。

荆浩心无旁骛地投入山水,在艺术上自然不同凡响。"有墨有笔"的主张无疑是对后世文人水墨山水提出的规范。而在笔墨的"筋肉骨气"和"气质俱盛"要求下,荆浩结合水墨渲染与线条勾勒,形成了山水画非常重要的表现手段——"皴法"。这就大大提高了表现真山水的能力。在理论上荆浩又提出山水画"六要":气、韵、思、景、笔、墨而成为后世山水画创作和品评的标准。他在中国画领域里的地位如同西方古典音乐中的巴赫,使后世巨匠无不从中获益。五代后梁画家关仝对荆浩是"刻意力学,寝食都废",终于在晚年达到"笔力过法远甚","笔愈简而力愈壮,景愈少而意愈长"的境界。山水画史把他们二人的山水画称为"荆关山水"。后来的李成、范宽无不从荆、关学习而来又引领百代。

2.3.2.2　李成与范宽的北方山水画

中国画发展到五代北宋,山水画已跃上了画坛主流,从此也就没有下来过,而把中国山水画推向这个高峰的就是李成与范宽。任何时候谈到他们都让人唏嘘不止、无比激动。宋代郭若虚在《图画见闻志》中称关仝、李成、范宽为"三家鼎峙,百代标程"的大画家,代表了北方山水画当时的最高成就。其中关仝由于南方山水画家董源的异军突起,而被取代。元汤垕《画鉴》说"董源得山之神气,李成得山之体貌,范宽得山之骨法。"这三大巨匠就如同西方的文艺复兴三杰,光辉灿烂。

李成因避乱居于山东益都营丘,人称李营丘。五代宋初有人召李成进画院,他因感到与画工在一起是莫大的耻辱而拒绝,自谓:"性爱山水,弄笔自适耳"而具有被后世文人山水画家十分崇尚的高逸品格,因而他能够达到"积好在心,久则化之,凝念不释,殆与物忘"的艺术境界。从李成的作品《读碑窠石》(图48)、《寒林平远》等,可以看出他描写的是中原齐鲁等地的山水风貌。笔致秀挺、墨法简练,多用"云头皴"、"蟹爪树"来写寒林雪景烟云变灭、水石幽涧、平远清旷的山水风光。

图 48 李成《读碑窠石》

这几幅画大都山峦静穆，或枯木怪石，或双松迎风兀立在稀疏岗阜之间。树干常常醒目地矗立于前，远景则微茫淡逸，形成明净醒透的空间层次，寂静、萧散、简逸。如同一首忧郁的乐曲，把我们的心灵带回了古代，使我们和画中人一同徜徉沉思。李成的《晴峦萧寺图》(图49)，则一改平远构图而用高远法，表现气象萧索、烟岚轻动、峰峦重叠的山水，让人有可望、可游、而可居的感觉。李成山水风格"气象萧疏，烟林清旷，毫锋颖脱，墨法精微"，终成为百代之师。

范宽，字中立，华原人。据说他先师李成，后来省悟"吾师于人者，未若师诸物，与其师于人者，未若师诸心。"于是"舍其旧习，卜居于终南太华岩隈林麓之间。""常危坐终日，纵目四顾，以求其趣，虽雪月之际必徘徊凝览以发思虑。""及于心者必发于外，则解衣般薄，正与山林泉石相遇……"这就是范宽师法大自然而创造绝妙山水画的过程。

范宽与李成虽然同画北方山水，风格却大不一样。宋徽宗赵佶与驸马王诜同观古代名画，东挂李成，西挂范宽，得出结论："李公家法，墨润而笔精，烟岚轻动，如对面千里，秀气可掬。范宽之作，如面前真列，峰峦浑厚，气壮雄逸，笔力老健。真一文一武也。"范宽正是发展了山水画自荆、关以来"气质俱盛"的北方雄强风格。

《溪山行旅》(图50)是范宽的作品，它的艺术魅力使人任何时候看见它都会激动不已。一座雄伟峻厚的山冈拔地而起，扑

图 49 李成《晴峦萧寺图》

图50 范宽《溪山行旅》

面而来，几乎充满了画面。山石林木，流水飞泉，道路木桥，人马屋宇，无不笔力劲健，刻画精微，"全幅整写，无一败笔"。山头点簇，林茂繁华，巨石披皴，磊磊落落。生动处，栩栩如生；质实处，老硬如铁。整幅画浑然一体，令人高山仰止，敬畏而屏息。特别是那一缕山涧流泉，细若游丝，缓缓下落，就这样沉闷的

山岗一下子有声了，巨大的山体因而血脉流畅，生机昂然。面对如此雄杰、恢宏的艺术品，仿佛置身于终南太华之下，而心神俱忘。

范宽画雪景最负盛名。《雪山萧寺图》以漫山盈谷的隆冬大雪，表现积雪重重、寒气凛凛、三冬在目的冰雪之景。一开卷顿觉冷气袭来，不禁冷颤。画面右上角雪路冰封的尽头，安置寂静的梵刹。右上角有关隘矗立在白雪屹上，渺无人影。近山上古木松槎，满目凄冷。山石厚重，骨体雄强，虽写雪景仍不失山骨。钉头皴，铁笔勾，不愧范宽！

《雪景寒林》(图51)为水墨雪景。但见群峰屏立，山势嵯峨，起伏错落。笔墨苍中含润，雄伟而不失幽眇，堪称绝品。山头遍作寒柯，通幅无一杂树，纯净自然，有秩有序。山石以雨点皴为主，经过反复皴点擦染，深沉耐看。近处大树重重，结林密集深邃。树后村居，一人张门而望。山腰萧寺，白雪覆顶突出而醒目。危径长桥，水口沙渍，尽得自然之妙。若没有长期深入山林的体味与高超的表现技法，是绝对创造不了如此惊人魂魄的艺术杰作的。

李成与范宽被誉为超越前古无与伦比的山水画大师而标程百代，使后学者"齐鲁之士唯摹营丘，关陕之士皆师范宽"而影响久远。

图51 范宽《雪景寒林》

2.3.2.3 董源与巨然的江南山水

与李成、范宽的北方山水相对应、相媲美的是董源与巨然平淡天真的江南山水。董源,五代南唐时曾任北苑副使(即负责皇家园林工作的官员),后人称其董北苑。董源是个多能的画家,据说他画过一堂美女屏风,曾使著名词人冯廷巳误以为那是宫娥当门而立,竟不敢走近那屏风。然而真正使董源名垂画史的还是他的山水画。《宣和画谱》记载:"(董源)所画山水下笔雄伟,有崭绝峥嵘之势,重峦绝壁,使人欢而壮之……宛然有李思训风格。"但他除了画用色较重的青绿山水之外,还画自出胸臆受后人赞扬和推崇的水墨山水。

一般能成为划时代大家的山水画家必然在意境和表现技法上有独到的创造。而董源早先能画李思训一路的风格,而后受王维影响,再加上南方湿润气候下丘陵地域风景的蕴养,从而自抒胸臆地创造了"披麻皴"的表现手法和格调柔和蕴藉的江南水墨山水风格。从《溪岸图》(图52)上还可以看出董源那种北派山水豪迈刚毅的痕迹。此图山峦深厚,断崖峭壁下,楼台隐隐其间。青溪环绕,烟波生腾。笔致谨细,山石峭拔,树叶双勾,树枝劲挺。皴法点擦细密繁复,正是从点式皴法向短披麻皴过渡时期的作品。这幅画是董源的一幅力作。近景树林掩映一池碧波,水纹荡漾,微风和煦。山庄的主人与妻小凭栏远望,正做"濠濮间想"。有种"望秋云,神飞扬,临春风,思浩荡"的逸兴。稍远处农人归家,牧童骑于牛

图52 董源《溪岸图》

背，一幅怡然自得的田园风景呈于眼前。画面的上方，河流曲折地消失在远处，远山在云雾中若隐若现，破墨渲染，亦真亦幻，把有限的景致引向无限，妙不可言。

如果说《溪岸图》还有点北方峭拔之势的话，那么《龙宿郊民图》与《潇湘图》就是一片江南了。董源的一生中有许多时间服务于宫廷，《龙宿郊民图》(图53)描写"太平时代首都居住的生活幸福之民"。此画即是"节日娱乐之景"。画中绿树红叶之间，山麓小村，张灯结彩。而溪边有两艘彩旗大船，数十人白衣联臂，自岸边列立，直至舟中，似歌似舞。船头和岸上还有奋臂擂鼓者，好像赛龙舟的架式。路上有游人，很远处的桥上也有行人，远水空阔处扁舟三三两两。整幅画烘托出一片江南水乡的节日气氛，全然不是后世文人画中常见那种荒漠隐逸景象。人物画法显然受展子虔的影响。山石画法用长披麻皴表现江南的土质山石，皴笔中锋圆润，起笔重下，行笔稍轻，悠扬转折，收笔复重，从山阴向外皴，皴线长短相间，错落有致。这种以淡墨线的铺排所构成秩序感，再加上轻重、干湿、浓淡、刚柔等微妙的变化，就构成了一片淡墨轻岚的山峦。与这种山峦相配套而起画龙点睛作用的是他创造的"点苔法"，这样用墨点的攒聚来表现远树与杂草，使得画面颇得淋漓约略之态，富有平淡幽深而又苍茫深厚的气韵。点的用法在《潇湘图》中得到了更大的发挥，从而产生丰富的层次与美感。从此以后山水画的四个基本技法：勾、皴、点、染就一应俱全了。

把董源的皴法与点法续承并发扬光大的是僧巨然。他二人的山水风格史称"董巨山水"。《秋山问道图》(图54)是巨然的代表作之一，此图山石用长披麻皴，一边勾轮廓一边皴擦，由山石暗部皴出，向外散开，中锋圆润，行笔悠扬辗转，内紧外松，高低错落，下笔沉着痛快，十分流畅。山石点苔用秃笔逆锋点出，如高山坠石，急风骤雨，掷地有声。画面笔墨程式感很强，山石多用"矾头"，树木成组而排，点簇成行，整幅画有极大的装饰性和很强的形式美。

《萧翼赚兰亭图》(图55)则是巨然的上乘之作，图中内容表现的是一则故事，据说唐太宗酷爱二王书法，闻辩才和尚藏有王羲之书《兰亭序》的真迹，便遣御使萧翼前往求之。辩才极珍爱此贴，藏之寝室梁上，萧翼微服前往，先与辩才交结，相与极欢，时间长了，辩才对萧翼渐撤防禁。翼乘辩才外出赴斋，遂窃其《兰亭序》而去。时辩才已八十有余，闻取帖，惊倒，良久而苏。此图即绘其事。图中桥头正是萧翼骑驴前往寺院。画上林木掩映，道路蜿蜒，峰峦起伏。林峦交接自然，气韵开合有度，屋宇工致错落，真是一幽居佳地，令人观而思居。

《层烟丛树图》(图56)是巨然的画中精品，通幅水墨淋漓，烟岚交辉，或虚或实，信笔披点。下笔随势而不拘刻画，反使得树木

图53 董源《龙宿郊民图》局部

图54 巨然《秋山问道图》

图55 巨然《萧翼赚兰亭图》

丰富多变,气韵苍茫浑厚,气象变幻微妙,整幅画被一种野逸的气氛笼罩,构成真正有笔有墨的水墨交响。不留云而处处烟云,笔墨滋润而水气蒸腾,写尽江南气韵。其中道路萦回,树木稠密,林麓卵石,疏皴散点。时而密不透风,时而疏淡空蒙,使观者于飘渺恍惚之中感到气象浑成,意境悠远。巨然就这样烟障迷离地将山水画推向了水墨写意。

宋代沈括《梦溪笔谈》中说:"大体源及巨然画笔,皆宜远观,其用笔甚草草,近视之几不类物,远观则景物粲然,幽情远思,如睹异境……"这和西方19世纪印象派的表现手法相类似,中国的山水画比西方的风景画早近千年,而沈括的这段话也给我们提供一个观画距离的参考。

2.3.2.4 《林泉高致集》与郭熙的《早春图》

中国人很早就与自然山水结下了不解之情,魏晋宗炳提出"山水以媚道"的哲学意义,追求天人合一,认为山水画的功能在于"畅神",所以"卧以游之"。唐末张操提出山水画要"外师造化,中得心源",说出了人们借用大自然表现心灵感悟的山水画作用。北宋郭熙则更系统、更具有普遍意义地在《林泉高致集》中说出了山水画的功能:

君子之所爱夫山水者,其旨安在?丘园养素,所常处也;泉石傲游所常乐也;渔樵隐逸,所常适也;猿鹤飞鸣,所常亲也;尘嚣缰锁,此人情所常厌也;烟霞仙圣,此人情所常愿而不得见也……然则林泉之志,烟霞之侣,梦寐在焉,耳目断绝。今得妙手郁然出之,不下堂筵。坐穷泉壑,猿声鸟啼,依约在耳,山光水色,晃漾夺目。此岂不快人意,实获我心哉?此士之所以贵夫画山水之本意也……

这就很好地给我们说明了欣赏山水画的意义。如今的都市繁华远胜古代,尘嚣缰锁也远大于北宋。人们向往游冶自然,渴望山林静居,所以只好在山水画中寻求了,艺术总是满足人们现实中理想的一

图56 巨然《层烟丛树》

面，使人获取精神的慰藉。

北宋的山水画特别崇尚自然，善于描绘"纯粹的自然之境"，即"无我之境"。因此，宋人对自然中四时交替，朝暮转化，烟雨变灭，都深有研究。郭熙在《林泉高致》中就这样说：

真山水之烟岚四时不同：春山淡冶而如笑，夏山苍翠而如滴，秋山明净而如妆，冬山惨淡而如睡……春山烟云连绵人欣欣，夏山嘉木繁阴人坦坦，秋山明净摇落人萧萧，冬山昏霾翳塞人寂寂。看此画令人生此意如真在此山中……见青烟白道而思行，见平川落照而思望，见幽人山客而思居，见岩局泉石而思游……

看见这样的画怎能不让人有身临其境而想游想居呢？郭熙把山水拟人化，赋予山水以生命、灵魂："山以水为血脉，以草木为毛发，以烟云为神采。故山得水而活，得草木而华，得烟云而秀媚。水以山为面，以亭榭为眉目，以渔钓为精神，故水得山而媚，得亭榭而明快，得渔钓而旷落……山无云则不秀，无水则不媚，无道路则不活，无林木则不生，无深远则浅，无平远则近，无高远则下。"

从而郭熙精辟地提出了山水画的三远法："自山下而仰山巅谓之高远，自山前而窥山后谓之深远，自近山而望远山谓之平远。"高远之势突兀，深远之意重叠，平远之意冲融而缥缥缈缈……这一切让我们从郭熙的《早春图》(图57)中去领略吧！

《早春图》表现冬去春来，大地复苏，轻烟初动，明净淡冶的早春景象。山石如云头，树木如蟹爪，近景松树顶寒而立，水边道路，环山循进。画中人物早春出行，在乍暖还寒的季节里所显现出来的神情姿貌，被郭熙表现得十分传神。深远处沟壑夹瀑，春水涌动。平远处，遥水直拖天际，极目无限。高远处，主峰雄伟，烟霭轻绕，秀媚冲融。使人观之而欣欣然，如游其中。

2.3.2.5 米芾的云山墨戏

水墨写意从唐末王维的破墨到张操、项容这些被荆浩称为"有墨而无笔"的泼墨,发展到巨然《层崖烟树》中的水墨写意,已经有了一定的面貌。经北宋苏东坡文人画观念的推波助澜和米芾等人的身体力行,出现了别具一格的风貌。尤其是米芾的山水画因创造了前无古人的"米家云山"而独步画坛。

米芾是个性格怪异,具有传奇色彩的文人画家。也是宋代四大书法家之一。米芾十分迷古,他时常穿戴唐代冠服,做出类于魏晋狂士令人咋舌的举动。他坐轿子嫌轿顶太低,又不愿脱去帽子,竟干脆让侍从把轿顶拆掉,让帽子露出轿外。因其为人癫狂,而时人称他为"米癫"。米芾有洁癖,不论天气多冷,欣赏书法开卷之前总要濯其手。他的朋友周仁熟知他喜爱石砚,又好洁,有一次在他家赏砚试墨时,故意往砚池中吐口水来磨墨。果然米芾嫌脏,当即就把那两块心爱的宝砚都送给了来客。米芾一生酷嗜书画艺术,确实到了入迷癫狂的程度。尤其是山水画被米芾认为"有无穷之趣"而特别推崇。他认为唐以来的仕女"不入清玩"。米芾喜欢收藏,对自己喜欢的书画石砚,不惜重金,典当衣物也要买到手。如果对方不肯出让,他就动各种脑筋,装疯卖傻,胡搅蛮缠,或以借为名,造假换真,或用自己的藏品和对方交换。米芾对书画的喜爱之深,我们从其子米友仁的记载来看:"(米芾)对所藏晋唐真迹,无日不展于几上,手不释笔临学之;夜必收于小筐,置枕边乃眠。"

像米芾这样的性格,很自然地就喜欢"戏拈秃笔扫骅骝"式的即兴戏笔。俗话说:"知之者不如好之者,好之者不如乐之者,"他如此痴迷地沉浸在艺术境界之中,自然而然就形成了高妙而挑剔的审美眼光和别具风格的艺术追求。米芾对董源、巨然那种一片江南式的山水颇为欣赏,再加上18岁以后即宦游于湘、桂、江、浙等江

图57 郭熙《早春图》

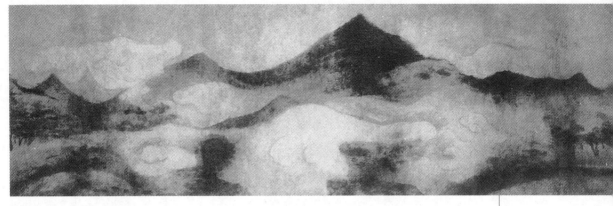

图 58 米友仁《云山得意图》

南雾翳云蒸的山水之间。30岁左右定居于润州（今镇江）常常远眺长江沿岸诸山，欣赏云气弥漫、林树隐现的江南山水景观。据载"米南宫多游江浙间，每卜居必择山明水秀处，其初本不能画，后以目之所见，日渐摹仿之，遂得天趣。"米芾正是把"目所酬缪，身所盘桓"的江南真山水的感受与自己对传统山水画的理解"神遇而迹化"地表现出来，便产生了令人耳目一新的米氏山水。米芾的真迹已无从看到，但我们可以从其子米友仁的《云山得意图》(图58)和《潇湘奇观》来窥探米氏云山的奥妙。

米氏云山的画法大体是，远处山峦先以简约的淡墨披麻皴画出大体的山脉，趁半干半湿，即以稍浓墨色，随皴笔排比横点，并有意无意地联点成线，积点成面，同时即兴地运用干、湿、积、破以及渲染等墨法。使山体浑厚沉沦而又不失清新。近处山坡上画丛树，树干不用传统的双勾留白，而是以浓墨单笔写出，树叶用浓墨大横点，点的笔墨分量比远山重。近处山坡用或浓或淡的墨扫抹而成，不加皴斫。远山与近坡之间以留白为云气。有时亦可用淡墨空勾，如芝草似的云形，并施以淡渲。这样以水墨变幻构成云烟散漫的整体气氛，再用稍有浓淡变化的浓墨横点加强山形与云烟飘渺的气韵，形成独特的米家山水风格，而这种横点就被称为"米点"。

董其昌说："画家之妙，全在烟云变灭中，虚实相生，无画处皆成妙境。"很好地说出了米氏山水的魅力。在米芾之前的画家们画山水画基本上全用绢，而随着宋代造纸术的成熟出现了宣纸，米氏父子用的正是熟宣。这就和绢那一层淡淡的赭黄底色不同而属于纯白底色，这就更便于文人画家们去追求幽淡清雅的山水韵味。如果说当时在艺术理论中宣扬平淡之美最力者为苏轼。那么在具体绘画品评与创作中强调平淡风格的则是米芾。而最终将这一水墨的平淡韵味推向极致的是明代董其昌。

米氏云山对后世的影响，我们可以通过元代方从义、高克恭及明代董其昌等人的画作中看到痕迹。

2.3.2.6 南宋李、刘、马、夏的山水画

正当北宋的山水画在文人的倡导下走向墨戏，一味清淡，逸笔草草，面临纤弱隐患时，李唐上场了，他用刚健激荡的"斧劈皴"大喝一声准备扭转乾坤。

似乎文艺总有那么点隔代相传的意味，当一个人要扭转时弊时，总是先把目光投向遥远的前代，总觉得问题出在开叉处。当整个北宋山水画坛唯李成独尊时，李唐却始终盯着范宽与荆浩，实现着气质俱盛的刚猛气质。李唐靠过人的才华入北宋画

院,在北宋画院时李唐还不十分著名。然而随着徽宗、钦宗被掳,宫廷家眷与艺人珍品则一同被俘往北国。李唐半道逃脱,路上被强盗萧照(其实就是义军)所拿。萧照喜画,随拜李唐为师,一同南下。李唐逃难临安当街卖画为生,此时的他曾以诗发泄当时心中的苦闷:"雪里烟村雨里滩,看之容易作之难。早知不入时人眼,多买胭脂画牡丹"。直到南宋画院恢复后,李唐复入画院。一入南宋画院后就成了首领式的人物,从而影响了整个南宋的绘画风格。后来的刘松年、马远、夏圭及大画家萧照都唯其独尊而系无旁出。

图《万壑松风》(图59)还是李唐58岁在北宋画院时所作的一幅全景式山水。此画山石刚烈,笔致激荡,气势磅礴,看之令人触目惊心,精神振奋。不难看出其师承范宽,又有所发展,将范宽所用的雨点皴、钉头皴逐渐演化成小斧劈皴。画中一主峰突兀当中,上留天,下留地,主峰左边的远峰上有款曰:"皇帝宣和甲辰春,河阳李唐笔"。画的当中略下是一组松树,浓密团结,给人以松风森森的感觉,右下有崎岖的小路通往山上。左下有溪水流落,仿佛有声。全图有飞泉四五处,山势雄伟敦厚,石质坚硬方直,棱层刚健。所用笔法刚劲有力,短条子皴、刮刀皴、钉头皴、雨点皴都幻化成小斧劈皴而又相互夹杂着,披头盖脸地使画面饱含一种激荡豪情。松树紧密交错,两株、三株、四五株错落穿插,组织有致。树根多露于石外,苍劲有力。远处白云横出,更显峭拔山势。远峰如剑,凌厉峻险。

从李唐的《万壑松风》中,还可以看到北宋有天有地"全景式"的山水图式,而南渡之后,李唐在笔法上更加清刚劲健,构图取景却也发生着大的演变。从上留天,下留地,到上留天,下不留地,再到上不留天,下不留地。一直到马远与夏圭的"马一角、夏半边"式的构图。我们从《万壑松风》到《江山小景》、《清溪渔隐》,再到《采薇图》,至马远的《踏歌行》与夏圭的《溪山清远》,就可以看到南宋山水画这种局部取势的魅力。

南宋偏安一隅,地域与气势自不能比于北宋,文艺是意识形态的反映,因而在山水画的构图与表现上,则越来越窄,甚至偏于一角或压向半边了。无论是出于真实有理,还是属于偶然巧合,毕竟这是一种有目共睹的现象存在在那里了。李唐以来的这种局部式的山水构图方式,更像我们今天的透视与写生构图,它使景物更加集中,简练而有效。在中国的山水画史上南宋山水画最具空灵气质,近景质实而江天空阔,充满诗意而空朦婉约。李唐、刘松年、马远、夏圭对山水诗意化意境的创造与把握,无疑与早期画院对诗词入画的提倡有关。

而南宋山水激荡刚猛的笔法专一性则与亡国后文人的情绪密不可分。强烈的爱国情怀成为时代风气,反映在文学作品上是岳飞的"壮志饥餐胡虏肉,笑谈渴饮匈奴血";是陆游的"孤剑床头铿有声""铁马秋风大散关";是辛弃疾的"沙场秋点

图59 李唐《万壑松风图》

兵……"反映在绘画上则是李、刘、马、夏的刚劲坚硬,宁折不屈以及梁楷一路的天风晦雨,逼人豪气。总之李、刘、马、夏不作精细描画,却没有丝毫柔弱之气。这是时代的风尚,时代的需要,也是时代的结晶。

当然,最高的艺术必然是艺术家本人精神气质的表现,所谓的画如其人。以精神写艺术才是真艺术,如果艺术家的精神和时代的精神合拍,以整个时代充实自己的精神,他的精神将是伟大的,他的艺术也将是伟大的,李、刘、马、夏的艺术正是如此。无论是什么样的艺术,最终还是要以创造的美来激励人,感染人,使人振奋,或使人平静。让我们来看看他们的作品。

《采薇图》(图60)是李唐的一幅山水人物画。表现的是殷商贵族伯夷、叔齐在商亡后不愿投降周朝,并以吃周朝土地上长出来的粮食为耻,而隐居于首阳山,靠采集野菜充饥,最后双双饿死的故事。画面上伯夷、叔齐对坐于石壁下,四周老树环绕,采野菜用的小锄、竹筐置于地上,正中的伯夷双手抱膝而坐,面带忧愤,静听左侧叔齐谈话。二人须发蓬松,面容清瘦,目光坚定,姿态与神情准确生动。尤其是伯夷清瘦的面容上露出坚定不屈的表情,双眉紧皱,表现了人物在特定的艰苦生活环境中所显示出的坚强、刚韧性格。人物衣纹劲利飒爽,树木曲折而有生意,山石简阔方硬,把人物所处的环境气氛很好地烘托出来。左边流水萦回曲折,自然地把视线引向远方,从而扩大了画面空间。李唐在南宋偏安一隅,许多宋臣降金叛国之时,创作这样一幅颂扬具有爱国主义和民族气节的人物画显然有着特殊的现实意义。

《清溪渔隐》一画中,山石都用李唐所创造的斧劈皴一次性画成,用笔饱含水墨,痛快爽利,既表现了山石坚硬的质感,又突现了作者强烈的个性。远处平坡阔笔横扫,简洁明快。与山坡丛树的豪放笔致形成强烈对照的是清溪边上细细的芦草丛中停泊的小舟和渔者。画家有意将他们勾勒得十分精致,这种粗放与谨细的艺术对比手法对后世的一些水墨大写意作品都具有一定的启示作用,像近代的齐白石、傅抱石就深得其中三昧。而这样的对比手法也大大增强了画面形式的感染力。李唐的这幅画,极具诗意。再加上这种随笔见墨、破墨写意手法的巧妙应用,充分体现出南宋山水画诗意化的意境对人心灵恒久的触动,令人陶醉其中。

图60 李唐《采薇图》

《四景山水图》（图61～图64）是刘松年所作。第一幅春景，堤边庄院，桃柳争妍，柳岸小径由近及远，曲曲弯弯地消失在远方的淡霭之中。路上，红衣白衫二人，牵马谈笑而归，一片春意融融的景色。第二幅夏景，柳荫虚堂，有人坐而纳凉，目光平视，欣赏着眼前的湖光山色。有一亭伸向水中，下有荷叶点点，环境开阔幽雅，一抹远山翠微平拖于湖际天边。第三幅秋景，老树经霜，青红如绣，书斋寂静，有一人独坐。前景桥头栏边，一童子正在汲水，远处房中，另一童子似在等水煮茶，近处小路伸向画外。一个秋凉闲适的下午，像在等友人到来品茗。第四幅冬景，雪披高松，松下深院，中堂一女子开帘探望，因风寒而半掩身躯。院外小桥上，有人骑驴张伞，踏雪而去，送别乎？寻梅乎？不得而知。刘松年树石笔法挺劲，界画工整，略近李唐，虽豪放不及但精细过之。

《踏歌图》（图65）是马远的代表作品，此图是文人画中少有的表现劳动人民的题材。画幅下方田埂之上，一群老少农民作欢笑踏歌状，神采飞扬，姿态各异，后呼而前应。从他们的动作中可以看出，手脚打着拍子，踩着节奏，似乎都能听见山歌铿锵之声。从他们每人抬起而正要踩下的步伐中我们可以感觉出这是一首节奏感很强的民歌，且欢快而热烈。歌声与桥下流水之声相和，白云都为之陶醉。微风轻扶绿禾，烟云缭绕柳梢。用笔自然舒畅，皴法劲挺爽利。远处危峰耸立，楼台廊阁隐没于树丛之中，景有限而意无穷。马远高超地处理了画面感人的气氛，构图上也真正体现出"马一角"的特色。

《溪山清远图》（图66、图67）是夏圭的杰作。夏圭在构图方面善于剪裁与美化自然景物，善画半边景而被称为"夏半边"。然而此图却是一个水墨长卷。构图疏密相间，剪裁巧妙。夏圭大胆地截取片段不全之景，于画面留下大片空白，空旷开阔显得空间很大。近景突出，焦点集中，远景清谈，飘渺远去。手法巧妙而轻松，简洁有力地表现了大自然的清旷悠远。笔法坚挺峭秀，笔墨苍古，墨气明润。信手点染烟岚，恍若云雨。树木浓淡分明，干、湿、浓、淡、焦同时完成，水墨淋漓，相映生辉。夏圭的皴法被称为"拖泥带水皴"而独步画坛，使后人难以模仿。日本室町时期的大画家雪舟来中国就是想来学习这一路山水，他来时中国已进入明代了。尽管如此夏圭的风格还是影响着日本的山水画发展，使很多日本人迷恋而又不敢梦见。在世界画册中介绍中国山水艺术时，常常可以看见夏圭的影子，从某一方面讲夏圭代表着世界人民对中国山水画的认识。

南宋的山水画空灵而充满诗意，是山

图 61 刘松年《四景山水图》春景

图 62 刘松年《四景山水图》夏景

图 63 刘松年《四景山水图》秋景

图 64 刘松年《四景山水图》冬景

图 65 马远《踏歌图》

图 66 夏圭《溪山清远图》局部

水画从北宋"无我之境"向元代"有我之境"的过渡。而这一艺术魅力也被中国明代画家疯狂地迷恋着。

2.3.3 元明清及近代山水画

2.3.3.1 赵孟頫与元代画风的开创

随着元代的统一,南宋激烈的爱国主义呐喊,最终三声并作两声的渐渐远去。画坛绚烂之极后又复归于平淡。正像李唐越过郭熙等人而直追五代的回归传统一样,赵孟頫将复古的眼光投向更远的魏晋与唐。他在复古的大旗下开创了新的里程碑。先不要以为一谈复古就是贬义的,西方文艺复兴也是在向古希腊文化回归的大旗下才开创了人文主义的先河。艺术前进的车轮如同人双腿走路一样,如果左脚代

表着回归与继承传统,则迈出去的右脚就是新的创造。没有人会双脚同时跃入一个全新世界,也不会有人总在原地踏步。当赵孟頫把左脚迈向传统(远传统)时,他的右脚正期待着新的迈进。

赵孟頫(1254—1322)青少年时因其诗、书、画都极有才情而与钱选等人被称为"吴兴八俊"。元世祖忽必烈统一中原后,派人到江南搜访"遗逸",赵孟頫虽然再三称疾而力辞,但最终还是未能推托掉而最终踏入了仕途,成为元代汉人中官儿做的最大的人,所谓"荣际五朝,名扬四海"。元仁宗十分敬重他的才华,曾将其与李白、苏轼相比。他也的确博学多才,既工古文诗词,又通音韵,还精于鉴赏,而在书画方面造诣尤深,真草隶篆无一不精,山水、竹石、人马、花鸟无所不能。在中国艺术发展史上像赵孟頫这样具有多方面成就,影响深远的人物,实在是罕见的。

TWO

图 67 夏圭《溪山清远图》局部

赵孟頫在书画上最明显的贡献有两个，其一是他提出了"作画贵古意"的绘画品评标准。其二是"书法入画"的观念。他的出现极大地影响了后世绘画的审美趋向和文人画形式的初步形成。中国艺术史上复古之所以屡屡受人青睐，主要是基于人们对"古质而新妍"这一看法的普遍认同，即认为较古的艺术总是平淡质朴、含蓄的，而后来艺术的发展则人为的意气流露越来越明显，使艺术越来越趋于浓妍。为了返璞归真，便须要提倡复古，也就是要去掉过于外露的人工意气，追求质朴无华的淡雅旨趣。纵观赵孟頫的书画艺术，就处处显露着平静与自然。

> 石如飞白木如籀，
> 写竹还须八法通。
> 若也有人能会此，
> 须知书画本来同。

赵孟頫题《秀石疏竹图》的诗句一下把书画同源的理论提了出来，并对书法入画作了强调，使中国绘画与书法密不可分，更增加了绘画的抒情效果。在他的绘画中，淡化了用墨，更突出了他那种"涩拉毛"质感的线型书法用笔。由于追求空灵和清逸的格调，赵孟頫的山水以干笔淡墨，构成绵延不尽的线条，使画面明净而萧瑟。

我们从他的山水代表作品《鹊华秋色图》中，就明显地能看到这种书法用笔的特征。运笔圆润，力贯笔尖，以偏干的用笔自然地溢出墨色的深浅秀润；用披麻皴参以解索皴（指像解开绳索似的一曲一曲的用笔）画成的长线条，既显出笔笔达到的力度，又不觉得平板，而时时由质实向空灵转化，笔致之间，中侧锋互换，既疏松随意，又接搭自如。整幅画面突出了书写的意味，使画面形成了以笔线为主的点线交响，这是赵孟頫的一大特征，也是整个元代山水画在笔墨形式上与五代北宋明显不同的地方。

赵孟頫好古善藏，并能向传统大师们学习，能把山水、花鸟、人物各个画科的长处融会贯通地吸收，是位全能的画家。他参酌李成"惜墨如金"的寒林山水，苏轼的枯木竹石以及李公麟的白描人物和杨无咎的白描村梅等笔墨的素妆形态。并吸取了董源、巨然画中的山峦皴法与体格，又化湿笔为干笔，同时还把他那出自"二王"姿质秀润的书法用笔自然地运用到他的山水画中，从而创立了"素格"山水画，成为元明清山水画的冠冕。

《谢幼舆丘壑图》（图68）中峰峦叠起，雾霭微茫，江面平静如镜，境界旷远。整个画面宛如宇宙万象被过滤升华成晶莹剔透的宁静世界。笔法秀润轻旷，俨然魏晋风致，气息高古。

《秋郊饮马图》（图69）是属于赵孟頫的人物鞍马作品。画一池清水,岸上有梧桐垂柳,绿荫成趣。溪流堤岸有九人洗刷群马,亦有数马散卧、散立于溪边。画中人与马,动作相呼相应,马匹矫健神骏,场面活泼而有生意,情节描画生动传神。整幅画都浸透出唐人之韵,古雅而有逸趣,充分体现着赵孟頫古质新妍的文人画追求。明人董其昌曾评赵孟頫的风格为："有唐人之韵

图68 赵孟頫《谢幼舆丘壑图》

而去其纤,有北宋人之雄而去其犷",可谓高誉。

《鹊华秋色图》(图70)画济南郊外鹊山和华不注两山之间的平野秋色,鹊、华两山遥遥相对,右边的华不注山,拔地而起峻峭有余,成三角形。左边的鹊山峦头圆厚,略成方形。平野之上溪流、村树、芦苇迂回映带,渔舟散落其间,行人往来如蚁。此幅画设色淡雅清新,华不注山为淡青绿,鹊山为花青和墨色。树木以墨青点缀朱膘,房屋、舟楫以鲜亮醒目的朱色平涂,地面染浅青、浅赭石,人物粉白。整个色彩运用鲜和明丽,这种以赭石与花青为主的设色方法,在原来青绿山水和水墨山水的基础上,成为中国山水画一个新的设色传统,被称为"浅绛山水"。这一浅绛设色与干淡笔致充分传递出北方天光明净、景物萧瑟的秋天韵致。

从此,山水画就以北宋笔墨"润如春雨"般的情景交融,走向元代笔墨"干裂秋风"式的抒情写意。古典主义无我之境的山水写真,全面地转向浪漫主义有我之境的笔墨抒怀。秋风一吹,我们来了!

2.3.3.2 元四家山水

在赵孟頫的提倡与影响下,黄公望、王蒙、倪瓒、吴镇四大山水画家将书法用笔融入绘画之中,追求干淡秀逸的写意山水,开创了山水的野逸之风。他们多隐迹江湖,遨游于山水林泉间,坐弄流水,仰观浮云,向往渔樵耕读、山野村夫式的生活,追求精神上的淡泊空灵,有如闲云野鹤一般畅游于天地自然之间。

黄公望50岁后"隐居小山,每月夜,携瓶酒,坐湖桥,独饮清吟,酒罢,投瓶水中,桥下殆满。一时三教九流,借从学道。"他如同一位六朝高士,过着"痛饮酒、熟读骚"的隐逸生活。有时候他又"于月夜系酒瓶于船尾,返舟行至齐女墓下。率绳取瓶,绳断,抚掌大笑,声振山谷,人望之以为神仙。"黄公望常云游于四方湖山之间,后来在富春江畔"构一堂于其间,每当春秋时焚香煮茗,游焉息焉。当晨岚夕照,月户雨窗,或登眺,或凭栏,不知身世在尘寰矣。"他就是这样的迷恋山水,所以人们称他为"黄大痴"。

图69 赵孟頫《秋郊饮马图》

图70 赵孟頫《鹊华秋色图》局部

　　王蒙是赵孟頫的外孙，元末农民起义时他弃官隐居于黄鹤山，自号"黄鹤山樵"。他不到40岁，就芒鞋竹杖，漫步于山径。天气晴朗时，卧青山，望白云，天阴有雾时，默坐窗前而观山峦氤氲之变幻。他可以读《易》终日，也可与老农长谈至夜阑。山花烂漫之时，他常坐于花竹之旁呼翠羽，或心已随出岫之云飘忽于青空。就是这样的心态，这样的生活，这样的兴趣在黄鹤山一住就是三十年。

　　倪瓒取号云林，可见其对山水云林的喜好程度。倪云林原出身于富裕之家，家有园林之胜，又筑有收藏书画文物的清秘阁。早年过着读书作画的安逸生活，后红巾起义社会动荡不宁，他干脆弃家隐迹江湖。有时寄居朋友之家，有时扁舟箬笠往来于湖柳间，寄住古庙僧寺。王宾记载他："每风止雨收，杖履自随，逍遥容与，咏歌以娱，望之者视其为世外人。客至，辄笑语留连，竟夕乃已。"他就这样被称为"倪高士"。同时倪云林又很迂执，有洁癖，比米芾有过之而无不及。有次他留客住宿，夜间闻客人咳嗽，竟疑心客人将痰吐在窗外的梧桐树上，翌日一早，便命仆人将园中的梧桐棵棵擦洗。他迂怪的个性使人们又称他为"倪迂"。而倪瓒自己则自号"懒瓒"，携书载酒，常泛舟于太湖之滨和山水融为一体了。

吴镇性情孤峭，志行高洁，不愿与达官贵人交接，曾一度闭门隐居，以卜卖为生。他热爱梅花，在家宅四周遍种梅花，于梅花盛开之时坐卧吟咏其间，以宋代"梅妻鹤子"的林逋自比，取号梅花道人、梅花和尚。吴镇喜欢画梅竹和《渔父图》之类题材，常借泛舟湖上的渔父来寄托他隐逸避世的孤寂情怀。

元代山水画的野逸之风，正是由这样一些受隐逸思想和遁世生活所浸润的高人逸士创造的。在元代的山林湖水中，一个平常的"蓑笠翁"，可能就是一个饱读诗书的世外高人！

《九峰雪霁图》（图71）是黄公望八十一岁时所作。图上有雪峰九座，因起名《九峰雪霁》。此画继承了五代北宋荆浩、关仝、李成的遗意，参从己法而成。画中高岭、层崖、雪山层层叠叠，错落有致。雪景洁净、清幽宛如神仙居住之所。构图充盈，用笔简练，皴染单纯，水际与天空皆用深黑浓重的墨色染出，将山峰与雪地映衬得分外突出，洁白如玉。坡上小树用焦墨断续写出，恰当地表现出雪山寒林萧索清冷的气氛，极具艺术感染力。

《富春山居图》（图72）是黄公望个人风格十分突出的代表作品，作于晚年。此图

图71 黄公望《九峰雪霁图》

以长卷的形式表现浙江富春江两岸初秋的景色。画上陂陀起伏，林木森秀。其间有村落、亭台、渔舟、小桥、平沙以及溪山深处的飞泉。黄公望以其放逸的书法用笔在这幅画上纵情写意。展披画卷"景随人迁，人随景移"，气脉连贯，神韵超逸。真是"恍如坐我富江上，浑忘身之在官舍

图72 黄公望《富春山居图》局部

也。"（朱竹坤语）

《渔父图》(图73)是吴镇的作品。近处坡岸画两株松树挺立，一棵杂树盘屈斜生，简约有姿的三棵树与杂草丛生的坡岸构成近景。上半部画巨峰一角，左实而右虚给人留下想象的余地。中间大面积空白，水域空阔。这时一叶扁舟漂入画面，船头上渔翁持竿憩坐，仿佛钓间小憩，姿态悠然，风神潇洒。整幅画笔墨雄浑朴厚，意境清幽空旷。画上题诗云："洞庭湖上晚风生，风搅湖心一叶横，棹稳，草衣新，只钓鲈鱼不钓名。"像一阕清新优美的小词，出色地再现了画境，也点示出渔父高洁的情怀。古往今来，隐者形形色色，有真隐士，也有假隐者。假隐士或走终南捷径，或伪装渔樵以沽名钓誉，心中总抹不去"名利"二字，这是画家所鄙薄的。吴镇自然是借赞慕渔父以表达自己孤寂高洁的隐者情怀。

　　白云茅屋人家晓，
　　流水桃花古洞春。

　　数卷南华难忘却，
　　万株松下一闲身。

这是王蒙题自己所画《春山读书图》(图74)的诗句，也是他长期隐居于黄鹤山那段悠闲生活的真实写照。画面上半部是雄浑苍劲的高山大岭，山头草木葱郁，显示出春天的勃勃生机。近处石坡上几株劲松占满了画面的下半部。松林间有茅亭屋舍，内有隐者闲人，或静坐读经，或相对论道，一幅超然物外悠然自得的情景。户外如诗中所说溪水潺潺，白云缭绕，草木欣荣，一片春日美景。这些松下的闲人隐士，手持《南华经》反复诵读，似乎要像庄周那样遗世独立，像庄周那样作逍遥之游。

　　元四家中最具萧散野逸气质的就是倪云林。倪云林说："仆之所谓画者，不过逸笔草草，不求形似，聊以自娱耳。"又说："余之竹聊以写胸中逸气耳，岂复较其是与非，叶之繁与疏，枝之斜与直哉！"从他的这两句话，我们不难看出他的绘画不

图73 吴镇《渔父图》

图74 王蒙《春山读书图》

是对自然的写实与模仿,而完全是对个人闲情与逸致的抒写。他的山水画近景,常画一平坡叠石,上有竹树三五株,疏疏落落。其间常安置一茅屋幽亭,却见不到人的身影。中景大多空白,表现一片空旷平静的湖水。远景往往是寥寥几笔所画成的平坡峰峦。画面单纯明净,着墨不多,章法极简,却给人带来一种人间少有的空灵、萧疏、宁静秀逸的美感,真是言简而意远。倪云林画中的这种空灵疏秀之美,犹如抚琴者得弦外之音,吟诗者得言外之境,给人以无限广阔的审美意趣。

《容膝斋图卷》(图75)与《渔庄秋霁图》(图76)都是这样意境淡泊萧疏的作品。在这里倪瓒用他那干裂秋风式的"渴笔"挥洒着胸中逸气,潇潇洒洒。但在潇洒飘逸的下面也隐约地含有一丝清冷与悲凉。"江城风雨歇,笔砚晚生凉。囊楮未埋没,悲歌何慷慨。秋山翠冉冉,湖水玉汪汪。珍重张高士,闲披对石床。"

图75 倪瓒《容膝斋图卷》

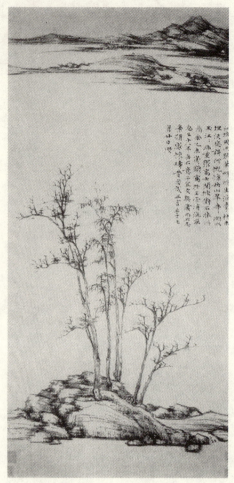
图76 倪瓒《渔庄秋霁图》

元代书斋里就这样充满了山水精神，而没有一丝尘嚣，有的只是恬静与清苦。

2.3.3.3 明代吴门四家

明代资本主义的萌芽，商业的发展，画家已不像元代那样隐迹于江湖，追求淡泊荒率的野逸格调，而生活在充满市井气的城镇，并以不同的地域形成派别林立的局面。像杭州有以戴进为主的浙派，苏州有以沈周为主的吴门派，武昌有以吴伟为代表的江夏派等等。而其中沈周、文徵明、唐寅、仇英被称为吴门四家而最引人注目。

沈周世代隐居吴门（今苏州），他终生未仕，一生的经历也优游平淡，没有什么波折坎坷，一直过着绘画、自娱的闲适生活。他为人宽厚豁达，不拘小节，自具名士风度。一次邻居家丢了东西，误以为沈周家的东西是他的，沈周便坦然地将自己的东西给了对方。后来邻人找到了失物，很不好意思将原来的东西送还，沈周也不予以计较，只是笑笑说:"这不是你的东西吗？"显出了过人的宽宏雅量和坦然风度。这些性格都在他的画中有所反映，使得他的笔墨也浩浩落落、坦坦荡荡，有一种从容自得的亲切感。因此当时喜欢他画儿的人很多，求画者也络绎不绝，履满户外。刘邦彦诗曰:"送纸敲门索画频，僧楼无处避红尘。东归要了南游债，须化金仙百亿身。"就再现了他不加拒绝繁忙应酬的状况。

沈周的绘画风格分粗细两种,有"细沈"和"粗沈"之别。《庐山高》(图77)是"细沈"中的代表作。山势峻拔,有北宋气象,笔线繁密,继承王蒙笔意,是明代绘画少有的精品力作。此画原是沈周41岁时为他的老师陈宽祝寿的中堂。图中庐山的雄伟高拔自然有对其师高洁人品的象征。正所谓大山堂堂如君子,而令人高山仰止。画面苍松翠柏,悬桥挂瀑,丹崖红树,奇峰浮云,无不让人有种置身世外、如对大雅君子的感觉。"粗沈"作品多是充满诗意的江山小景,但由于流于浮泛的应酬之作较多,故人多见贵于"细沈"。其粗简激荡的笔墨也开创了山水泼墨写意的先河。

文徵明与沈周在画史上合称"文沈"。文徵明在幼年时并不聪慧,19岁参加乡试。因书法不佳被列为三等,从此他勤奋学书,并拜沈周为师学画,继承了沈周的风格。28岁与唐寅、祝允明、徐祯卿相从谈艺,被时人称为"吴中四才子"。文徵明为人不同于沈周。个性谨严执,所以他的笔墨气息偏于细谨内敛,而不同于沈周粗笔作品中的粗枝大叶,同时他也不同于唐寅的风流放荡,他说一句文人画史上有名的格言:"人品不高,用笔无法。"这就把绘画和文人的修养直接联系在一起了。

文徵明的《雨春馀树》(图78),笔墨文静细雅,疏秀空灵。设色清润明净,不温不火,给人以极强的视觉美感。近景疏树空林,平板石桥上一白衣闲人坐弄流泉,

图77 沈周《庐山高》

另两人正向湖边的茅亭渡去,充分表现了文人游玩山水的逸兴。画面坡石穿插,道路时隐于画外,时出于水边。远山下有一村落藏于山石后的松林之中,三个小孩戏耍于林下空阔之处,这一切为山水增添了无限生机。远山空,烟树迷离,呈现出一派江南美景。赭石、石绿、藤黄共同构成雨后春山所独有的色调气氛,清新怡人,

图78 文徵明《雨春馀树》

令人思居。宋郭熙说,山有可望、可游、可居之别,尤以可居为上,画山水要让人想游之、思居之。观文徵明画就有此感。中国山水文化这种人与自然两相和谐的环境观至今都有其深远的意义。

唐寅,因其出生于庚寅年,故取名唐寅;又因生肖属虎,故字伯虎。晚年信佛后,号六如居士。在明代吴门四家中唐伯虎才情最为出众,因而也就有了不同寻常的人生。他自幼聪颖过人,早年纵情声色,后经祝允明规劝准备考取功名。经过一年多的攻读就得中应天府乡试第一。这时他沾沾自喜,视功名如探囊取物。第二年又进京会试,不料因同乡行贿考官案而牵连入狱,虽然他考取解元却再也无意于功名。出狱后浪迹江湖,沉迷烟花。民间重其才学,依然称其为"唐解元"。而他却毫不避讳自己的放荡生活,竟治印钤于画上曰:"龙虎榜中名第一,烟花队里醉千场。"他的风流韵事广为民间流传,也多为明清小说传论,如"三笑姻缘"、"唐伯虎点秋香"之类的故事,都是他放荡生活引发出的,成为"江南第一风流才子"。

然而他更是一名才华出众的画家。他与仇英都师从于周臣学习绘画,后来唐寅的画名远远超过了他的老师周臣,慕名求画的人应接不暇,有时他只好请周臣代笔。唐寅的山水画主要学习南宋院体风格,像李唐那样追求山水真境和诗化意境的结合。构筑可游可观的"游观山水",而不是元代文人抒泄逸气的"书斋山水",因而很受小市民阶级欣赏。唐寅又在李唐的刚劲笔法中,注入了温文尔雅的气息,因而能使他的山水画从严谨的院体画风中透露出悠闲的文人修养。有人曾问周臣为何不及学生,周臣自愧弗如地答道:"但少唐生三千卷书耳。"唐伯虎就这样成为明代画坛画名最响的画家。

《骑驴归思图轴》(图79)是较能体现唐寅风格的一幅画。画上杂木奇峰,道路曲折地通向远处人家。一人骑驴于路上点出"骑驴归思"的画意。左边溪水湍流,跌落山涧,有如空谷绝响。水口处一木桥横于巨石之间,樵夫正担柴过桥,成为画面的一个焦点。近景绿树迎风起舞,婆娑有姿,就连冰冷坚硬的山石,也灵动活泼,很有韵致。墨色湿润,线条畅达。整幅画充满诗意,灵气溢于画外。唐寅于左上角自题诗曰:"岂求无得束书归,依旧骑驴向翠微,满面风霜尘土气,山妻相对有牛衣。"其中既有生活的朴实也有人生的失意。

仇英是漆匠出身,后移居苏州,拜周臣为师,结交唐寅、文徵明、文嘉等人,很快享名画坛,挤身明"四家"之列。工山水、人物、仕女,尤其喜欢临摹,落笔即能乱真,风格精丽秀逸。仇英和沈周、文徵明、唐寅比起来,文化修养不足,又是工匠出身,其所作山水、人物又继承的是院体风格,所以不受文人画家的推崇。但他的作品却严谨细密,囊括唐宋以来的优秀传统。尤长于工笔重彩人物与青绿山水。董其昌称:

"仇实父是赵伯驹(宋青绿山水画家)后身。"他的作品不论大小都结构严谨,一

图79 唐寅《骑驴归思图轴》

丝不苟,在精丽秀美的院体风格中又闪现着文人画的娴雅温润,成为当时雅俗共赏的艺术,很受市民青睐。

《桃源仙境图轴》(图80)远处峰峦起伏,峻拔高远,山腰云雾漫蒸,庙台亭阁时隐时现,若人间仙境。前景流水木桥,奇松虬曲,景致十分幽雅。山洞外三个白衣老者坐卧抚琴,陶醉在美妙的音乐与美丽的自然中,乐不知返。半山腰有人扛着酒壶,循路而上,最远处的楼宇内一人凭栏眺望,登楼赋兴。整幅画笔法严谨,设色浓丽。但严整雅丽中也有些拘谨刻板。仇英在画中常不作诗书长题,只写"实父"、"仇英"、"十州"等以字号为主的穷款,一

图 80 仇英《桃源仙境图轴》

方面是绘画风格的需要，另一方面也是他不擅文辞与书法的表现。

2.3.3.4 清代四僧

明代的山水画相对宋元显然已经走向衰落，又以地域割据，文人相轻，门户间陋习也颇多，免不了艺术上的陈陈相因。这种复古与不思创新到清代"四王"愈演愈烈。王原祁、王时敏、王翚、王鉴受董其昌文人画思想的影响，一味模仿元代黄公望、赵孟𫖯的风格，并以正统自居。风格趋于雷同，缺乏艺术个性和创造力，使中国山水画一度走向纤弱委靡。直到清代四僧的出现，沉闷的画坛才重新激动人心。在绘画创作上，以八大山人、渐江、石涛、石谿为代表的四大高僧提倡创新，反对摹古，他们强调个性的释放，要求绘画能"陶咏乎我"，于是画坛呈现出一派狂怪冷逸的作风。

渐江原名江韬，安徽歙县人，晚明秀才。他早年丧父，家境贫穷，但事母至孝。有一次他从三十里之外负米回家，想到母亲会等待太久而挨饿，便怨恨自己，甚至想投江自杀。母亲过世后，他孑然一身，没有婚娶。在他心中反清复明的思想十分强烈，于是就投奔福建南明小朝廷，失败后便削发为僧，释名弘仁，取号渐江。因喜梅花又号梅花古衲。渐江从武夷山返回故里后往来于黄山和齐云山之间，并特意治了一方印曰："家在黄山白岳之间"，将自己的精神全部寄托在了山水画上。

渐江追慕元代倪云林。《偈外》诗曰："疏树寒山澹远姿，明知自不合时宜。迂翁笔墨余家宝，岁岁焚香供作师。"《画偈》诗曰："老干有秋，平岗不断。诵读之余，我思元瓒。"可见其对倪瓒绘画的深切推崇。他赞赏倪瓒孤高的人品，欣赏他笔下空灵无尘的秋景山水。身世和心境的萧条淡泊，使这两位遥隔三百年的画家心犀相通。所不同的是倪瓒面对的是浩淼的太湖,而渐江表现的则是峻伟的黄山。

渐江欣赏倪瓒、黄公望,并不是对其画迹的一味模仿,而是"借古开今"的用到对黄山的表现上。他深入到黄山的奇石、怪松、云海、清泉之间,对黄山的气质有深切的体悟,从而摒弃了倪瓒山水笔墨中的萧瑟疏秀,易之以清刚简逸之气。这一"清刚简逸"是黄山的气质,也是渐江自己的精神与气质。

在《松壑清泉图》(图81)中,线条简洁明确,构图清晰肯定。笔墨瘦洁,风格冷峭。一高山屹立,山岩层叠,左下角三株苍松立根坚岩之上。松下有亭独立,右半边一汪碧水出于幽涧泉瀑。山谷深处古庙楼榭被翠竹映衬。大山斜立,顶部转折,奇正以取势。整幅画树木清姿疏朗,山石方硬刚劲,毫无板滞之感。渐江十分讲究画面的构成形式,他常在画中摆布大小石块构成的几何形体和含有装饰意味的树木,使它们有机结合,相互穿插。在变化而有序的排列中显示出一种空间深度和空疏、纯净、高洁、峻雅的意境。

石𤀎俗姓刘,武陵人。据说母亲生他的时候曾梦见一位僧人,他便自认为前身是位和尚。又自幼熟读佛书,在二十多岁后的一天晚上,他大笑不已,用刀自剃头发,以至头破血流,跪拜父母恕他不孝。最终出家为僧,释名髡残,号石𤀎。云游名山后,居于南京牛首山寺,闭关掩寰,过着一灯一几,寂然索居的生活。石𤀎学画原本是把它作为拈香礼佛、参禅苦修之余的自娱。但是一旦迷上笔墨后,他又把绘画当作自己的事业执著追求。他曾自谓平生有"三惭愧":"尝惭愧这只脚,不曾阅历天下名山;又尝惭愧此两眼钝置,不能读万卷书;又惭两耳未尝记受智者教诲。"石𤀎常处在消极自责的思想状态中,认为明朝的灭亡,都是他们这些知识分子没有尽到责

图81 渐江《松壑清泉图》

任，因而深感惭愧。他认为自己如同废人，再加上自身痼疾缠身，干脆取号"残道人"。

他所作《丘林叠瀑图》(图82)烟云缭绕，山气扑面而来，整幅画有一种内在的气息在流动，显得轻松舒缓。画面山重水复，沟壑众多，布景繁密，然而毫无繁琐拥塞之感。石谿擅用秃笔和渴笔散锋，运笔带有"屋漏痕"式的颤动感，使笔致隐含苍劲奔逸的韵律，而又绵绵不失其深厚与沉着，有股朴拙天然之趣。整幅画看似粗服乱头，却极富生气。淡墨勾皴，焦墨劈点，似乎来源于董源、王蒙而又参酌了吴镇、沈周，这种线与点的构成既使山峦显得莽莽苍苍，又使整个山水气象绵邈幽深。石谿的画和渐江的画给人以完全不同的感觉，渐江以黄山为素材，多作雄伟刚健的石山险峰，石谿则以南京牛首山为对象多画郁茂幽深的土山丘陵。前者借鉴倪瓒格法用笔简劲，后者参酌王蒙韵致用笔繁密。一个在险绝处求平正，一个在平凡中见奇趣。石谿虽然造景繁密却处处显得松动透气，与当时某些刻板、枯燥的作品比较，他在墨法上有了大的创造，在一定程度上影响了20世纪的黄宾虹。

八大山人的绘画(图83、图84)和元代倪云林、明代徐渭及同代渐江等人的作品常被人称为是不可多得的逸品。倪瓒和渐江是冷逸，画面充满清冷与宁静，徐渭和八大山人是一种野逸，笔墨充满奔放纵逸的动感。八大山人又不同于徐渭，他的野逸风格还有冷寂与含蓄的气息。一方面他

图82 髡残《丘林叠瀑图》

图 83 八大山人山水

性格的孤傲冷逸决定了画面的冷寂气氛，另一方面，他参禅入道的修养和中锋用笔的结果，使画面笔墨纵逸又不失含蓄蕴藉。

　　八大山人原名朱耷，晚年爱读《八大人觉经》，故号八大山人。朱耷原有些口吃，明朝的灭亡，给他带来强烈的精神刺激，从此便在大门上书一"哑"字。遇人不言不语，佯装哑子十余年，性格变得狂怪失常。他出家又还俗，后又好道，一生激烈动荡，晚年情绪较为安稳。他的山水画主要学习明代董其昌，也取法黄公望与倪瓒的简远幽淡之韵，但注入了自己狂放、孤傲、冷逸的气质，使画面更为简约空灵，又能笔笔见性。尤其是他的山水小品勾、皴、点、染一气呵成，极具灵性，充满淡泊、松散的意趣和含蓄悠远的韵味。

图 84 八大山人山水

在四僧之前的山水画勾、皴、点、染基本上是分层完成的，而在八大山人、石涛、石豀手中，则是既勾皴又点染一气写成，显得自然轻松。这就使笔墨本身有了独特的审美意义，散发着东方独有的水墨韵致。点线交织，轻重缓急，浓淡干湿，富有节奏层次，自具美感。

绘画发展到明末清初，以文人画为主的写意画风极为盛行。文人画家注重笔墨写意和诗书画印这一高度成熟的画面形式，而轻视对自然的写实。认为那是充满匠气的俗手之能，不入画品，缺乏士气。于是画家下笔动辄黄大痴，动辄倪高士，要求笔笔平淡萧瑟，强调笔墨韵味与形式远远胜过了绘画内容。在这里八大山人把传统文人画对笔墨的梦寐追求，淋漓尽致地现于纸上，而且达到了难以逾越的高度：质朴、含蓄、超逸。然而人们对于精品、能品、神品的学习都有法可循，唯有逸品是个性使然，无法可循，非悟性、天资、经历超常者不可得，而天才往往是少之又少的。所以"四王"一味在笔墨中求逸笔，而不知在生活中养逸气，这必然就造成艺术的因袭保守和缺乏个性。石涛则完全不同，他作画伊始就没把传统规范放在眼里，而一直把"我"放在第一位。

石涛原名朱若极，明靖王之后，明亡时由内宫太监携带逃出，托身佛门以避祸。僧名原济，号石涛，别号苦瓜和尚、瞎尊者、大涤子等。在中国画史上明代徐渭之后，石涛是个性最为突出的一位文人画家。元明清山水画的衰落大都因为一味仿拟前人，受传统规范的束缚太大，致使画家的个性受到抑制，甚至全被泯灭。而石涛却始终强烈地要求突破传统规范，自出机杼。为此他发出了很多令传统画坛振聋发聩的豪言壮语：

"我之为我，自有我在。古之须眉，不能生我之面目；古之肺腑，不能安入我之腹肠。我自发我之肺腑，揭我之须眉。纵有时触着某家，是某家就我也，非我故为某家也。"

"画有南北宗，书有二王法。张融有言，'不恨臣无二王法，恨二王无臣法。'今问南北宗，我宗耶，宗我耶？一时捧腹曰：我自用我法。"

这是何等的自信和不同流俗。为了创新脱俗，他提倡到自然中去写生体悟，以生活蒙养笔墨。他要求自己"搜尽奇峰打草稿，画不惊人死不休。"于是漫游潇湘、匡庐、江浙诸胜，先把黄山当作自己的师友十几年，后又居南京、扬州，创造着属于自己的山水世界。

石涛山水画用笔由细谨收敛走向粗放豪纵，用墨也由干淡而走向湿重。突破了传统文人画以淡为雅、以湿为忌的戒律，大胆地向温文尔雅的文人画家所不敢涉足的领域开拓。他不仅超越着传统，也不断地超越自己。石涛作画常常随意变换手法，随手拈来皆成文章，风格多样，笔墨变化极为丰富。可以说使笔如丸，深得水墨奥妙。他画山水只点苔一法就"有反正阴阳衬贴点，有夹水夹墨一气混杂点，有含苞藻丝、缨络连索点，有空空阔阔干燥没味点,有有墨无墨飞白如烟点,有焦墨似漆邋遢透明点。更有两点未肯向学人道破:有没天没地当头劈面点。有千岩万壑明净无一点。"(石涛画跋)其绘画手法的丰富多样由此可见一斑。

《山水清音》(图85)是石涛多种风格中的一个典型代表。他以构图新奇见长,一变古人和"四王"三重四叠之法,而截取自然中幽阁深藏的一段景致。画中丛林幽阁,小亭翼然,幽篁密布。虽然画的是一段小景,却传达出深邃的意境。石涛笔线缠绵畅达,墨气浓重滋润。整幅画通过水墨的渗化和笔墨的融合,使山林清润深幽,淋漓尽致。右边山路或藏或露,蜿蜒而上。左边清泉,时隐时现萦回落下。幽阁临于水上,二人论道其中。水声在耳与清言相合,真山水清音也!

石涛的才情和不断创新的勇气给20世纪山水画起到了巨大的推动作用。傅抱石和石鲁对石涛尤为推崇,以至于两个人给自己取的艺名都带"石"字。而张大千更是以模仿石涛起家,一生受益。当然也有人认为石涛的绘画作风给文人画带来了某种"江湖气",批评他有的画落笔草率,有浮烟涨墨之弊。见仁见智,自在寸心。

2.3.3.5 近代黄宾虹与傅抱石

石涛之后,扬州八怪和海上画派的大写意花鸟画在画坛上最为人称道,山水画显得沉默无力。然而沉寂了两百多年的山

图85 石涛《山水清音》

图86 黄宾虹山水

水画坛到了近现代终于迎来了蓬勃发展之势，出现了黄宾虹、傅抱石、张大千、李可染、陆俨少等一批大师，而尤以黄宾虹与傅抱石最为突出。

黄宾虹是传统山水画的总结者，也是现代山水画的开创者。他的画（图86）作为现代山水则最具有传统文人画的意味，作为传统山水，又最具现代性。黄宾虹名质，字朴存，由名字可见他对质朴之美的欣赏与追求。他家住歙县，自然而然地就迷上了黄山。十九岁上黄山游览，对夜景特别迷恋，在夜半背着同行独自出游，大画夜山。他这个喜赏夜景的嗜好，一直保持到晚年，因而他的山水画也沉重深沉，在层层积墨中散发出幽韵，苍润华滋，墨气深沉。他学习石谿、石涛，喜欢董其昌，有着良好的传统基础。所以他的笔墨苍而不枯，沉而不闷，深沉中有醒透，苍老中含清润。

黄宾虹在绘画上取得的成就，一方面靠他深厚的学术与文化底蕴，另一方面，就是师造化。他一生九上黄山，五游九华，四登泰岳，漫游了苏、浙、皖、赣、闽、粤、湘、桂、川诸地名胜，而蜀中的风雨月夜更是给他留下了深刻的印象。那朦胧月影下的山水既深沉厚重又空灵细润，大大启发了他墨法的表现。同时他也研究西洋画，曾说过："画中无中西之分，有笔有墨，纯任自然，由形似近于神似，即西法之印象、抽象。"所以也有人说黄宾虹的水墨点染有些类似印象派的点彩。然而毕竟曲高而和寡，欣赏黄宾虹绘画的人大多是文人学者，能去品味他笔墨交响下的文化意味，而普通老百姓总觉得眼前黑乎乎的，倒不如齐白石红花墨叶来得清新悦目。

傅抱石是20世纪最具激情的画家。原名傅长生，因迷恋石涛遂取名抱石，曾受徐悲鸿推荐去日本留学，攻读东方美术史。回国后频繁历游写生，致力于山水画的创作。在美术史的研究上，傅抱石不同于黄宾虹。黄宾虹侧重于对画理画法的探究，傅抱石则侧重于对历史人文精神的领会。在山水画的创作上，他们又都受到蜀中山水的启发和滋养。蜀中的月夜使黄宾虹有所领悟而追求笔墨苍润朴厚。而蜀中的风雨却点燃了傅抱石的澎湃激情，使他开创了笔致狂放、势如乱柴的"抱石皴"，创作了很多大气磅礴的风雨泉瀑图。

傅抱石平日嗜酒，常借酒力舞笔弄墨，豪气冲天。曾治"往往醉后"一印，常钤于画上。他对石涛那种纵横激越的画风由衷的欣赏，善于在画面笔墨间流露性情。在《潇潇暮雨》（图87）一画中，风雨、酒力、激情同时爆发，势不可挡，大气磅礴，酣畅淋漓，成为历代表现风雨的画中最为激荡豪放的一幅。傅抱石的优点在于，他不仅能"放"得无人可比，还能"收"得恰到好处。激情与酒力使他能大胆落笔，追求整体气魄；意匠与精思又常使他能小心收拾，在细节处再三斟酌。据说这幅画，傅抱石为在画中安排一个披蓑戴笠的人物，竟在另纸上先画一个小人，再用剪刀剪下来，然后在山顶、山中一一试放，最后才确定安置在画的最下面。这红色一点，不仅增加了画面无限丰富的内容和诗意，也衬托得山势更为雄壮大气。

傅抱石在笔墨形式上很具现代感和时代气息，在艺术境界上却有一股浓厚的高古气息，充满诗意。《平沙落雁》（图88）不同于《潇潇暮雨》的飞动气势，显得宁静悠远，很有古意。画幅虽不大，境界却十分空阔、旷远。近处质实，远景清空，一位高人逸士于茫茫天际之间，席地而坐，面对浩淼江天，欣然抚琴。此时大雁成行，划过平沙。左下角一位童子坐弄流水，手

图87 傅抱石《潇潇暮雨》

图88 傅抱石《平沙落雁》

持藜杖，旁置食盒。这与主人身边的酒壶共同构成画面的生活细节，展露了高士的生活情致。傅抱石这幅画从时空上一下子把人们带到一个遥远而古逸的世界，大河款款，琴声悠悠，那画中的高士也化作了每个人精神上的"我"。

2.4 机趣活泼的花鸟画

2.4.1 宫廷花鸟画

图89 黄筌《珍禽图》

中国花鸟画的起源可以上溯到三国、两晋、南北朝时期,唐代逐渐成熟而形成独立画科。它的发展自然是由像《本草图》、《尔雅图》那样说明记载性的博物多识,逐渐过渡到寓意性的托物言志。

五代两宋是宫廷花鸟画的鼎盛期,出现了一批杰出的画家和大量的优秀作品。宫廷花鸟画在表现技法上以勾线精细、造型写实、设色浓妍为特征,主要的表现形式是工笔重彩,由于其作者多出自宫廷画院而被称为"院体"。五代时期,西蜀的黄筌和南唐的徐熙,虽然有技法上的分野却共同打开了通往花鸟世界的大门。

成都人黄筌,13岁左右师从刁光胤学画,17岁就成为前蜀的翰林待诏,宋初随蜀主入开封,在皇家画院画了50年,是典型的宫廷画家。出身江南名门望族的徐熙,一生没有做过官,他以高雅自任,厌恶奢侈颓靡的生活,因而沈括称他为"江南布衣"。徐熙是江南处士,人在江湖,所见无非汀花野竹、水鸟渊鱼,或蔬果药苗之类;黄筌身在宫苑,所见多为奇花怪石、珍禽异兽。由于两个人所处的生活环境不同,再加上人生意趣的差别就形成了两种不同的艺术风格。徐熙崇尚朴素,所作花木是一种浓墨粗笔、略施淡彩的水墨淡彩风格;黄筌追求富丽堂皇,所作花木先用淡墨勾勒轮廓,然后施以浓艳的色彩,着重于色彩的表现;所以就出现了"黄筌富贵,徐熙野逸"(郭若虚《图画见闻志》)的分别。

《珍禽图》(图89)是黄筌对二十多种昆虫飞鸟所作的写生稿本,完全用具象写实的手法,把鸟虫刻画得精细逼真,栩栩如生,开创了工笔花鸟画的新篇章,也体现出超凡的写生能力和富贵华丽的谨细风格。至于徐熙的作品则多见诸于文字的记载,由于历史的原因,徐熙没有真迹留到现在以供我们参考比较。这毕竟成了一种遗憾。

北宋画院初期,整个画院完全尊崇"黄家"风格,以黄筌的画法为标准,"较艺者,视黄氏体制为优劣去取。"黄筌之子黄居寀继承家学,以其高超的画技成为画院首屈一指的高手,这更巩固了"黄体"压倒一切的统治地位。从现存黄居寀的作品《山鹧棘雀图》(图90)中我们可以一睹"黄家富贵"的遗风。此画构图稳定饱满,意境平和宁静。山鹧凝视水中,神情专注好奇,山雀戏嬉于棘丛,生动传神。不论鸟雀竹石,都体现着黄家勾勒填彩式的严

图90 黄居寀《山鹧棘雀图》

谨、工整风格，而这一风格在北宋画院一直延续了九十年，直到崔白的出现，才转变了画院只重"黄家风格"的风气。

《杏花图》（图91）是赵昌的作品，赵昌虽不在画院，但其作品和画风都给画院转变黄氏体制以重大影响。赵昌擅长观察自然和对景写生。早岁学画时，常常每天清晨，趁朝露未干时观察花卉的姿容情态，手调色彩当场画之，并自号："写生赵昌"。此画是他的一幅折枝小品，只有25.2cm×27.3cm大小，却画出了令人折服和震惊的效果。一枝极其真实的杏花在眼前横出，勾线精细，粉白染瓣，朱膘点萼，绢色为底，尽显杏花晶莹剔透、冰姿雪清的雅韵。花蕊更是细如针尖麦芒，繁而不乱，一丝不苟。设色匀净雅致，花瓣层次分明，如珠如玉，真是"一花一世界"。张良臣言："一段好春藏不住，粉墙斜露杏花梢"就是对此画的称赞。

崔白是北宋花鸟画坛最不容忽视的大师，他学习赵昌的写生精神，继承徐熙的野逸格调，又融入文同、苏轼的水墨趣味，成为北宋最为耀眼的宫廷花鸟画家。他打破了画坛独尊黄筌的局面，继承了黄氏体制中精细写生的一面，又超越了黄家谨严而略显呆板的不足。相比之下，崔白更注重自然界的情态机趣，并达到了笔墨简约，情趣生动，格调野逸，意境荒寒的精妙境界。

《双喜图》（图92）是崔白50岁后的一件精品。画中寒风骤起，瑟瑟袭来惊动双鹊，引起树下野兔的回望，就在这一刹那，喜鹊也冲着那只褐色野兔仓惶惊叫。崔白很好地抓住了这一惊心动魄的瞬间，做了生动传神的表现。创造出竹木萧杀，秋风凛冽，一片荒寒，充满野趣的意境。这是一种完全来源于自然的真境而又被心灵诗化的意境，也体现出宋人在最写实的景物

图91 赵昌《杏花图》

图92 崔白《双喜图》

中寄寓最空灵精神的特征。崔白工中带写，举重若轻，使画面显得轻松自然，动感很强。尤其是兔子的刻画更是逼真传神，精细入微。抬起的前爪，回望的神情，活生生地呈现在我们面前，似乎大喊一声它就要跳出画面。兔子身上的丝毛，密而不板，杂而不乱，有很强的秩序感和方向性，像是自然生长而成，让人惊叹不已。

在《寒雀图》(图93)中崔白又表现了一片生机勃勃、野趣盎然情景，九只麻雀或飞或栖，或向或背，或俯或仰，或正或侧，或伸或缩。有倒挂的，有理羽的……情态无一重复的围绕寒冬枯木戏嬉交谈，唧唧有声。宋人就是这样把自然中平凡的情致化为绝妙的艺术，他们的心灵总是和自然契合如一。

北宋画院的高度兴盛和花鸟画的空前繁荣始终离不开一个人，那就是宋徽宗赵佶。赵佶从小喜欢琴棋书画，珍禽奇石，无心政治。然而历史的命运将年轻的他推到皇帝的位置，从此便有了不寻常的人生。虽然赵佶在政治上是失败的，成为亡国之君被俘金国，受辱病亡，成为历史上著名的"靖康耻"。但其在文化和艺术上却起到了积极的推动作用。宋徽宗如同画院院长，画家们画好底稿后几乎都要经过他过目、认同后才上色完成，这就形成严谨认真的创作态度和谨细工整的院体风格。徽宗还特别重视画家人品与文学的修养，常令画家读秦汉文、晋唐诗以开拓绘画的意境。而他本人更是一个造诣很深的画家、诗人、书法家。

《芙蓉锦鸡图》(图94)是赵佶工细富丽风格的作品，锦鸡、彩蝶、芙蓉、野菊都用纤细如丝的墨线勾勒，再用细腻、透明、淡雅、明丽的色彩渲染，传达出皇家雍容华贵的气派。绘画是静止的，但宋画往往能寓动于静，使画面充满生机。美丽的锦鸡落于花枝，压得花枝低倾，似乎还在不停动荡。右上方双蝶翻飞吸引了锦鸡的视线，使静止的事物充满动态感和情态美。花鸟画往往是

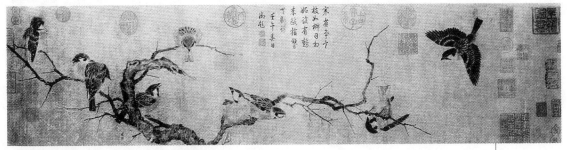

图 93 崔白《寒雀图》

图 94 赵佶《芙蓉锦鸡图》

艺术家"登临览物而有得"后的寓兴,在表现自然美的同时常寄情言志,带有一定的象征寓意。赵佶在画中空白处题诗云:"秋劲拒霜盛,峨冠锦羽鸡。已知全五德,安逸胜凫鹥。"前两句说出秋日芙蓉花开得茂盛有力,头戴峨冠的锦鸡华丽锦秀。后两句则寓意言志,"已知全五德,安逸胜凫鹥。"古人认为鸡有文、武、勇、仁、信五德:"首戴冠者,文也;足傅距者,武也;敌在前敢斗者,勇也;得食相告,仁也;守夜不失者,信也;(《韩诗外传》)"凫鹥是《诗经·大雅》中的名篇,后世用它代称太平盛世。作为皇帝的赵佶自然是用此宣扬北宋王朝的统治是五德俱全的太平盛世。

南宋宫廷花鸟画的兴盛不减北宋,出现了一批有名的画家,而且画法不拘一格,双勾、没骨、重彩、淡彩、工笔、写意、水墨、设色各逞所能。画家也大都能山、能水、能花、能鸟、能人、能马而不拘一科。其中工笔花鸟画颇具影响的人物当属李迪。《雪树寒禽图》(图95)是李迪晚年的花鸟作品,画面气氛萧疏凄冷。山坡棘树上一只鸟雀正昂首张望,显得孤独凄凉,山坡和竹木等皆用浓墨勾染,白雪留白而略施铅粉,给人以冰冷宁静的感觉。设色简淡,多用水墨,用笔工细与粗放相结合,言简意远。无限的深灰背景似乎要将人的心灵完全带入一个大音稀声、万籁惧寂的世界,让人忘却世间一切的烦闹喧嚣。天地似乎变得宁静而永恒,静得都能听见雪落在竹叶上的声音……

宋代是我国绘画发展的顶峰,除了名家圣手给我们留下的绝世名作外,一些不知名或未留下姓名的院内、院外画家也创造了不朽的杰作。像《出水芙蓉图》(图96)、《碧桃图》(图97)、《榴枝黄鸟图》(图98)等数不胜数。随着南宋的灭亡,工笔花鸟画在元明清也就逐渐走向衰落,文人们开始追求逸笔草草不求形似的笔墨逸趣,精工制作的工笔花鸟画也只在明代陈老莲身上昙花一现过,而后就悄然无声了。

图 96 佚名《出水芙蓉图》

图 97 佚名《碧桃图》

图 95 李迪《雪树寒禽图》

图 98 佚名《榴枝黄鸟图》

2.4.2 梅兰竹菊

梅、兰、竹、菊在中国文化上有着重要的意义，它们被历代文人所喜好，并誉为"四君子"，寄寓了人的精神而含有高雅的品质。梅以和靖为知己，兰以屈原为知己，竹以徽之为知己，菊以渊明为知己。

"梅妻鹤子"的林和靖子然一身以梅为妻，以鹤为子；以香草美人为伴的屈原，"处芝兰之室不觉其香"的把兰喻为君子；王徽之对竹子更是有"何可一日无此君"般的热爱；陶渊明则完全是南山下的一位菊花老人，过着采菊东篱，悠然见山的生活；这都说明了古人对梅、兰、竹、菊的热爱。

在绘画中大量出现梅、兰、竹、菊则兴盛于宋代。宋代文人对于梅、兰、竹、菊的喜爱较之前代有过之而无不及。苏东坡："宁可食无肉，不可居无竹"；戴敏："为爱梅花月，终宵不肯眠"；当北宋院体画正兴盛时，以文同、苏轼、米芾为代表的文人，开始不拘形似地画起了水墨竹石，开创了以梅、兰、竹、菊为代表的文人画先河。

《墨竹图》（图99）就是文同（文与可）的杰作。文同一改院体画中竹枝双勾细染的工笔作派，开始用水墨直接表现，同时他也把作为花鸟配景的竹子提升为单独意义的作画题材。文同常以竹子喻人，他给心胸耿直者送以笔直挺立之竹；给委屈求全者送以俯仰弯曲之竹；对坚忍不拔者则画出于石缝顽强生长之竹送予；这幅画采用纯水墨的手法表现了一枝弯蜒曲折的竹子。构图取倒挂之势，从一角斜出，枝尖却顽强地向上生长，充满动势和内在的力感。他用浓墨表现竹叶正面，淡墨表现竹叶背面，显得浓淡有序，层次分明。

宋人画竹多因喜竹，文章之余笔墨寓兴，借物抒怀。竹比君子、兰比美人（德才兼备之士）实在是心向往之的表现。文同就认为"竹如我，我如竹"。他在《咏竹》

图99 文同《墨竹图》

中赞道："心虚异众草，节劲逾凡木。"还说："竹子得志遂茂而不骄，不得志瘁而不辱，群居不倚，独立不惧。"这其实都是对自己独善其身的要求，借画以言志罢了。苏轼就说："文同画竹，乃是诗不能尽，溢而为书，变而为画。"

北宋与南宋之交的杨无咎（字补之，号逃禅老人），以画水墨梅花著称。他画梅花常写生于乡野，枝条细劲修长，梅花小而稀疏，充满疏瘦清妍的野逸气息，故而徽宗赵佶见后就说他画的是"村梅"（即不同于宫廷修剪后的"官梅"，而是生于乡村野外的野梅）。杨无咎从此干脆画了梅花后索性署作"奉敕村梅"。从此文人崇尚淡远清韵与宫廷专事玉堂富贵，就出现了审美趣味上的分野。现存杨无咎的作品《四梅花图》（图100～图103）分未开、欲开、盛开、将残四段，他用绘画的手段表现了梅花绽放生命的过程，体现着作者对每个时段的细心观察与体味，他的画法还不属于

图 100 杨无咎《四梅花图》1

图 102 杨无咎《四梅花图》3

图 101 杨无咎《四梅花图》2

图 103 杨无咎《四梅花图》4

豪放的写意,而是一种既工致又洒脱的文人画格调,画面清丽劲简,素淡有韵,广为人爱。

南宋赵孟坚,字子固,受杨无咎影响开创了墨兰一派。赵孟坚文化修养较高,嗜好收藏书画古玩,常船载书画文物、文房四宝等,东游西逛,评赏雅玩,兴到时吟弄一番,时人称其舟为"子固书画船"。赵孟坚善以水墨画梅、兰、竹、石,这幅《墨兰图卷》(图104)即出其手。此图画墨兰两丛,松散疏落,简练飘逸。花叶皆用淡墨一笔写出,线条柔美舒放,流利劲爽,笔意绵绵,气脉连贯。风格极为秀雅,倍受后人推崇。古人云:"怒气写竹,喜气画兰",从此画可见其中三昧。画左题诗曰:"六月衡湘暑气蒸,幽香一喷冰人清。曾将移入浙西种,一岁纔华一两茎。"

宋末元初的郑思肖,字忆翁。宋亡后,他坐卧不北向,因号所南。喜画兰花,但却不画土,谓之"露根兰"。人问其故,他说:"土都为番人夺去,你怎么不知道呢?"郑思肖把亡国后的沉痛心情都寄寓在画中,无奈悲切,聊发激怀。他画兰都是"抱香怀古意"含有怀恋故国的深意。这幅《墨兰》(图105)五六片叶,一二朵花,寥寥几笔,却自具一种清绝风致。画中题诗曰:"向来俯首问羲皇,汝是何人到此乡?未有画前开鼻孔,满天浮动古馨香。"诗一开始就以问兰发端:如同羲皇上人一样的古雅幽兰呀,你是什么人?你为何要到没有存身国土的"此乡"?在这里,郑思肖情真诗痴,和泪写成,抒发着作者在宋亡后的真实情感。后两句笔调转到兰花的馨香上,说的是在没有作画之前,放开五官驰骋想象,便能闻到满天浓郁的芳香,而且这种香味还带有浓浓的古意。兰的特质就是馥郁幽香,因而被称为"国香"、"香祖",《左传·宣公三年》曰:"兰有国香",

图 104 赵孟坚《墨兰图卷》

黄庭坚说:"兰之香盖一国,则曰国香"。而兰香在郑思肖这里是高洁、坚贞的人格象征,更是对故国的怀恋,连馨香都是充满古意的。

郑思肖所作墨兰很多,同时代词人张炎曾以清平乐题咏之:

清平乐

兰曰国香,为哲人出,不以色香自炫,乃得天之清者也。楚子不作,兰今安在。得见所南翁枝上数笔,斯可矣。赋此以记情事云。

三花一叶,比似前时别,烟水茫茫无处说。冷却西湖风月。

贞芳只合深山。红尘了不相关。留得许多清影,幽香不到人间。

郑思肖的爱国情怀还常常通过画墨菊来表现,他在《寒菊》一画中就题诗曰:"花开不并百花丛,独立疏篱趣未穷。宁可枝头抱香死,何曾吹落北风中!"就表现了宁可为坚持气节而死去,也不愿屈服于元蒙统治集团的气节。

元代文人大多不愿作官,隐居山村,过着以笔墨寄兴,聊写胸中逸气的闲人生活。关汉卿《四块玉·闲适》唱道:"旧酒投,新醅泼,老瓦盆边笑呵呵。共山僧野叟闲吟和。他出一对鸡,我出一个鹅,闲快活。"就是这样的山林闲适生活推动了山水画的发展也迎来了梅、兰、竹、菊的

图 105 郑思肖《墨兰》

空前繁荣。元代文人尤其热衷于对竹子的描绘，翻开元代画册梅、兰、竹、菊几乎占去一半，剩下的也多是充满隐逸思想的山水林泉之作。"岁寒三友"、"四君子"何以如此繁盛。一方面，梅、兰、竹、菊是失意文人寂寞生活的笔墨消遣和内心愤世嫉俗的抒发排遣。另一方面，赵孟頫"书法入画"的提倡，大大密切了书法与绘画的关系，而梅、兰、竹、菊的表现与书法最为接近，文人们笔砚之余随手可为，画家们也常以兰竹练笔。这样就使得梅兰竹菊成了东方绘画的一个专有题材。

《四季平安图》(图106)是李衎的作品，李衎在元代对竹子的研究最为深入，他到过云南交趾，深入"竹乡"反复了解和观察竹子的生长规律与各种形状特性。他画的竹子一枝一节，一梢一叶，都来自自然的真实，不像后代画竹那样流于概念和程式。他在《竹态谱》中说："若夫态度，则又非一致，要辨老、嫩、荣、枯、风、雨、暗、明，一一样态。如风有疾慢，雨有乍久，老有年数，嫩有次序。根、干、笋、叶各有时候。"其体味深切可见一斑。此图画修竹四竿，取四季平安之意。在构图上两两成组，墨色近浓远淡，富有层次，极好地展现了空间远近。尤其是处理薄雾轻风的感觉，令人叹为观止，李衎被誉为"写竹之圣者"，实非偶然。

元代画家大都能写两竿修竹、一丛幽兰。除李衎外，还有顾安、柯九思、倪瓒、王蒙、吴镇等，包括赵孟頫的妻子管道昇都是画竹高手，且风格各异，自见性情。顾

图106 李衎《四季平安图》

安的《幽篁秀石图》(图107)，湖石玲珑剔透，丛篁绰约林立，气息萧疏清逸。《风雨竹图》(图108)则纵横披离，苍润潇洒。在画竹子上，柯九思稳健老辣，倪云林秀雅飘逸，王蒙落落大方，吴镇从容写意。而管道昇的《竹石图》(图109)，奇石玲珑，秀竹疏落，则流露出女性特有的疏秀空灵……

元代王冕是水墨梅花一路最为耀眼的大师，字元章，号老村、梅花屋主等。王冕出身农民，举进士不第后隐居在家乡的

图107 顾安《幽篁秀石图》

图108 顾安《风雨竹图》

图109 管道昇《竹石图》

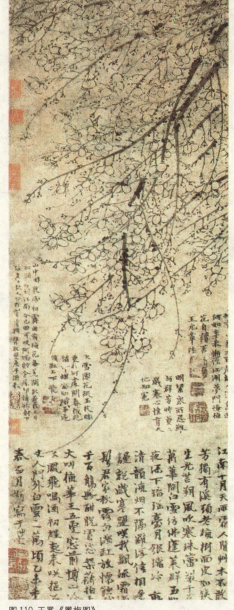

图 110 王冕《墨梅图》

九里山,过着"山中煮石乍归来,满树琼花顷刻开,仿佛暗香生卷里,夜寒明月与徘徊"这样以梅花为伴的生活。王冕画梅继承杨无咎水墨村梅的清逸之风,用笔精练,线条畅达,墨色清润,给人一种冰清玉洁般的清凉感受。《墨梅图》(图110)繁枝参差,密蕊交叠,表现出寒梅怒放,清气袭人的神韵。宋人卢梅坡言:"梅雪争春未肯降,骚人搁笔费评章。梅须逊雪三分白,雪却输梅一段香。"而王冕的这幅画则真正画到了"雪似梅花,梅花似雪,似不似都奇绝"的地步。

王冕梅花有疏密二体,密者枝条丛生,繁花如泻,热烈奔放(如墨梅图)。疏者凌空两三枝,孤姿俏影,暗香浮动,如王冕给良佐所作的《梅花图》(图111)。令人惊奇的是这幅《梅花图》中的梅花没有用线条圈勾花瓣,而是用淡墨直接点成,王冕这样一来可谓自出机杼,独辟新格。更值一提的就是左上角那首家喻户晓的题画诗:"吾家洗砚池头树,个个花开淡墨痕,不要人夸好颜色,只流清气满乾坤。"从中不难看出他画水墨梅花是别有寄托的。

元代之后,明清花鸟画家依然热爱梅兰竹菊题材,创造出了很多优秀作品。像明代李流芳笔墨粗简、疾劲爽利的《秋菊》(图112),清代边寿民笔意潇洒舒放,风格古拙朴实的《歪瓶侬菊图》(图113),都是很有韵味的菊花精品,像清代扬州八怪之一的郑板桥就是画兰竹的专家,金农所绘的梅花也清绝于世。不同于元代的是,明清的"四君子"画已逐渐走向了大写意。

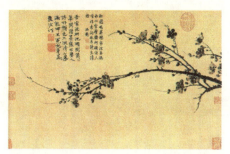

图111 王冕《梅花图》

图112 李流芳《秋菊》

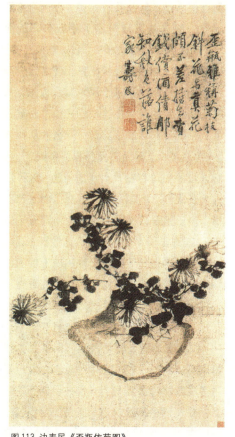

图113 边寿民《歪瓶依菊图》

2.4.3 大写意花鸟画

像南宋梁楷开创人物画的泼墨大写一样,晚明的徐渭以其近乎疯狂的个性将花鸟画推向了大写意。徐渭字文长,号青藤,与陈白阳(陈淳)以"白阳、青藤"并称于画史,其传奇性的一生和水墨淋漓的写意画给后世产生了巨大的影响。更为郑板桥、齐白石等大写意画家所推崇,郑板桥甘为"青藤门下走狗",齐百石也恨自己"不生三百年前",为"青藤磨墨理纸"。不仅绘画如此,徐渭在文学上的地位也很高,堪称明代首屈一指的大家。其诗文、杂剧著作甚丰,而且还参加东南沿海的抗倭行动,影响深远。但徐渭的一生却极不平常,很是潦倒。八次乡试未中,精神一度失常,误杀妻子而被捕,入狱七年,多次自杀未成。已53岁,才开始了其具有历史意义的文学、艺术的创作活动。出狱后的他正是:"几间东倒西歪屋,一个南腔北调人。"

社会环境造成了徐渭一生的不幸,也造就了他不谄媚权势、狂放不羁的性格。这一切都从他奔放淋漓的泼墨大写意中表现了出来。徐渭的画是和了血与泪,从胸中奔泄而出的。《墨葡萄图》(图114)写道:"半生落魄已成翁,独立书斋啸晚风,笔底明珠无处卖,闲抛闲掷野藤中。"正是徐渭穷困落魄,怀才不遇的写照。

徐渭常借画螃蟹以讽刺黑暗的现实和那些满脑肥肠、横行霸道的庸碌之人。《黄

图114 徐渭《墨葡萄图》

徐渭还有一幅画蟹图上题曰:"稻熟江村蟹正肥,双螯如戟挺青泥。若教纸上翻身看,应见团团董卓脐。"也是拿秋后正肥、腹中充满脂肪和蟹黄的螃蟹与大奸臣董卓燃脐的典故相联系,来讽刺那些脑满肠肥的封建权贵。徐渭的这类题画诗对后世影响很大,齐白石就曾画一幅螃蟹书道:"看尔横行到几时",以表现他对日本帝国侵华的痛恨和抗战必胜的信念。这自然是受了徐渭的启发而为的。

《榴实图》(图116)是徐渭作品中最为秀逸的作品,笔墨收放自如,控制得恰到好处,既痛快淋漓又富有细致秀巧的变化。一枝倒挂的石榴枝叶,看似信笔点染,轻松活泼。可这种轻松随意、任意撇捺所产生的灵动飘逸是多少画家梦寐以求,却又无法达到的啊!但这一切在徐文长笔下看起来却是那么的不经意,那么的从容潇洒,举重若轻。画面右上角那线条跌宕、气脉连贯的书法和充满寓意的诗题,更是让人大开眼界,为画而增色不少。"山深熟石榴,向日笑开口,深山少人收,颗颗明珠走。"既说出了深山榴实,无人收获,颗颗凋落走失的自然现象,又暗喻珠玉般的才华无处施展,栋梁之材被抛弃于荒野之上的社会之弊。徐渭就这样以简练潇洒、姿肆狂放的笔墨直吐胸臆,借物抒怀。

文人大写意与宫廷院画不同的是,以两宋院体画为代表的工笔花鸟画,立足于对客观自然的逼真写实,常在物趣的基础上寻找诗意的表现,其意境博大而沉静。而以文人水墨写意为代表的大写意花鸟

甲图》(图115)画法精湛,寓意深刻,作者以奔放而精练的笔墨营造了一个清秋荷塘的景致,笔法勾、擦、点、抹一气呵成。墨色干、湿、浓、淡自然天成。尤其是螃蟹的质感、形状、神态,只寥寥几笔就生动传神,跃然纸上。这幅画乍一看,只是一幅情趣盎然的荷塘秋景,然而徐渭却题诗曰:"兀然有物气豪粗,莫问来年珠有无。养就孤标人不识,时来黄甲独传胪!"借猥琐、笨拙的螃蟹骂尽了昏庸无度的主考官和天下那些不学无术、腹中空空却侥幸高中,身登甲第的草包。这幅画可谓痛快淋漓尽泄心头之恨。

图115 徐渭《黄甲图》　图116 徐渭《榴实图》

画,则更多的是注重主观胸臆的喷发抒写,在物象处理上追求"不似之似",强调立意在先,借物抒情,其意趣多激烈而感人。一个注重客观再现,一个注重主观表现,这就是古典主义与浪漫主义的不同。但可贵的是不论工笔写意,中国画总是既富有哲学化的幽思,又充满文学化的情致,画家们不是忘情于自然,就是含情于自然。

徐渭之后文人绘画全面走向水墨大写,其中尤以八大山人、吴昌硕、齐白石最为突出。齐白石曰:"青藤(徐渭)雪个(八大山人)远凡胎,老缶(吴昌硕)衰年别有才。我欲九泉为走狗,三家门下转轮来。"说出了自己愿向这三位大写意花鸟巨匠学习的心思。当然他最后也取得了巨大的成就,成为大师队伍中的一员,与徐渭、八大山人、吴昌硕共同构成了明清至今以来大写意花鸟画坛的四大巨匠。

八大山人原名朱耷,号八大山人、雪个、个山驴等,明朝宁王朱权的后裔,明亡后落发为僧,隐迹江湖,与石涛、渐江、石溪并称"四僧"。

八大山人诗、书、画、印样样精湛,山水之外写意花鸟又别具一格。笔墨简括,形象夸张,所画鱼鸟,常以白眼向人,表现出愤世嫉俗的心情。画上所署"八大山人",类似"哭之、笑之"的字样,诗题含义隐晦,常寓家国之痛。所画山水也都是残山剩水,意境十分荒寂。对于明王朝的覆灭他心情沉痛,无奈之中都一一寄托付于笔墨。郑板桥说八大山人的作品:"横涂竖抹千千画,墨点无多泪点多。"

《荷石水禽图》(图117)是八大山人写意花鸟画的代表风格,荷叶泼墨点成,笔法奔放自如,墨色浓淡相间,富有层次。水鸭画法简率放逸,形象洗练,一副"白眼向青天"的倔强神态。画面意境空灵,耐人寻味。八大山人笔下没有以往文人那种优雅文静的美,而有一种生冷、苦涩、放逸、孤寂的意趣,以触动人的心弦。格调清冷、孤高、狂怪放逸,往往一只鸟一朵花就显出其不事权贵,不落俗套的清倔。

117

图117 八大山人《荷石水禽图》

清代名振南北的还有扬州画派,即以金农、郑燮、李方膺、李鱓、罗聘、黄慎、汪士慎、高翔等为主的"扬州八怪",其中金农与郑板桥的艺术多为世人瞩目。金农落拓江湖以冶印、卖古玩为生,50岁后才开始作画,但一拿起笔就以其不同寻常的格调、独具一格的书法而为世所重。金农诗画天真烂漫,所作梅花属王元章"村梅"一路,时而细枝挂玉,时而粗干坠英,别致秀巧,自有一番清韵。《墨梅图轴》(图118)一枝素梅直上,穿插摇落,疏影横斜,细笔圈梅,散落其间,清气逼人。一个"细"字,一个"疏"字使画面清韵独绝。《落梅》(图119)图则画一粗干梅根斜于纸上,地上落花一片,题诗云:"横斜梅影古墙西,八九分花开已齐,偏是春风多狡狯,乱吹乱落乱沾泥。"诗趣画趣相得益彰。金农画的竹子(图120)更是不同于以往画家那般飘逸潇洒,而是浓墨湿笔,酣然有味。他自己也称画中之竹"无潇洒之姿,有憔悴之状",其趣味新奇,难怪人们称他为"八怪"之首。

郑燮字克柔,号板桥。当过七品县令,刻有"七品官耳"一印,曾为民而得罪地方大吏,于是就画了一幅竹子,辞官卖画于扬州。题诗曰:"乌纱掷去不为官,囊橐萧萧两袖寒。写取一枝清瘦竹,秋风江上作鱼竿。"郑板桥十分喜爱竹石,他在题画中说:"十笏茅斋,一方天井,修竹数竿,石笋数尺,其地无多,其费亦无多也。而风中雨中有声,日中月中有影,诗中酒中有情,闲中闷中有伴,非唯我爱竹石,即竹石亦爱我也"。他正是在这风雨诗酒中与竹石为伴,眼观、心爱、手写最终成为画竹专家。郑板桥既把自己的人格赋予竹石,又在竹石中发掘做人的品质。

《竹石图轴》(图121)这幅画,描细竹生于巨石之下,纤细但不柔弱,零落却有精神。题诗曰:"咬定青山不放松,立根原在破岩中。千磨万折还坚劲,任尔东西南北风。"郑板桥在这里完全把竹子人格化了,借赞颂竹子而要求自己要像竹子一般有骨气,有气节,在任何恶势力面前,决不弯腰曲膝。郑板桥已经把自己和竹子化而为一了,他画竹子绝不是隐居闲人的笔墨游戏,而饱含对民间疾苦的关心:"衙斋卧听萧萧竹,疑是民间疾苦声;些小吾曹州县吏,一枝一叶总关情。"他在萧萧竹声里都听得见民间疾苦,在一枝一叶间也没有忘记民情。

鸦片战争后,经济中心从扬州等地转到上海,"海上画派"随之崛起。海派代表画家颇多,赵之谦、任熊、任薰、任伯年、虚谷、吴友如、蒲华、吴昌硕皆名重一时,尤以吴昌硕成就最大。吴昌硕30岁学画,40岁后才肯以画示人,但他一直擅长书法,尤其是篆书的造诣颇深。他拜任伯年为师时,任伯年让他随便写几个字看看,看后任伯年预言吴昌硕以后的绘画当在自己之上,果然吴昌硕70岁后成了海派最杰出的代表,也成为晚清最突出的画家。吴昌硕是诗书画印修养最为全面的画家,曾任西泠印社首任社长,开创了"印学"。

在绘画上,他以大写意花卉著称,以篆书用笔作画,喜作紫藤、葡萄、梅、竹、松、石、兰、荷、牡丹、山茶、葫芦、白菜等,笔力雄浑厚重,气势磅薄,一扫晚清画坛萎靡之风。这幅《紫藤》(图122)作者以篆书和狂草笔法,写紫藤盘石数重,飞舞直上的姿态,行笔迅疾,苍劲有力,线条动荡连环,飞扬纵逸。全图疏密有致,气势奔放,用色雅丽,极富美感。

齐白石是继吴昌硕之后的另一位从木匠到画匠,又从画匠到巨匠的绘画大师。

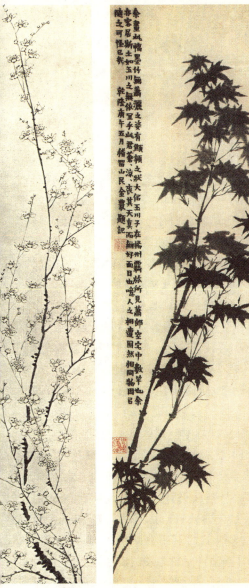

图118 金农《墨梅图轴》　　图120 金农《竹图》

图119 金农《落梅》

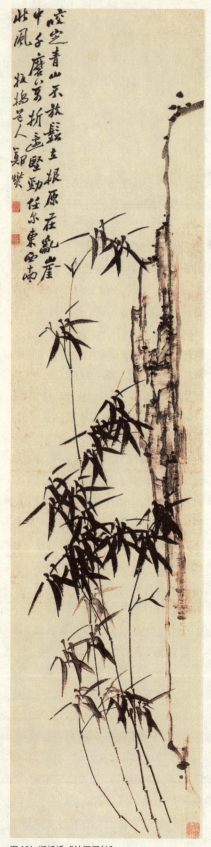

图 121 郑板桥《竹石图轴》

他本名纯芝，后取名璜，号白石翁，27岁始才拜师学画，60岁入北京，画风大变才有所成就。齐白石的"衰年变法"使他最终成为一个大器晚成的巨匠。他的画虽属于文人画体系，但却含有"芝木匠"式的民间野趣，创造了真正雅俗共赏的艺术。齐白石多画白菜、萝卜、青蛙、小鸡、泥娃娃、小柴把、蟋蟀、蚱蜢等生活中的所见所用，他不避平凡，不避俗，却能从平凡处画出不平凡来，从大俗中现出大雅。

齐白石画虾堪称画坛一绝。《群虾图》（图123）画虾六只，灵动活泼，栩栩如生，以淡墨写躯体，细笔画须，浓墨点睛，全用水墨就将虾体晶莹剔透的感觉画了出来。全画笔法简练概括，神韵充盈，虾如活的一样游于水中。齐白石的花鸟画开创了红花墨叶一路，又多泼墨花卉与工笔草虫相结合，情趣盎然。齐白石用他粗犷有力的笔法和天真烂漫的情思，给我们营构了一个充满生机、富有趣味的花鸟鱼虫世界，成为妇孺皆知，老少皆喜的艺术大师。

图 122 吴昌硕《紫藤》　　　　　图 123 齐白石《群虾图》

艺术赏析
Appreciation of Art

Canvas
油 画

3 油画 THREE

3.1 文艺复兴三杰

图124 波提切利《春》

伟大的文艺复兴基本上是由达·芬奇、米开朗琪罗和拉斐尔这三个擎天大柱撑起来的,去掉他们其中之一,那么14～16世纪的欧洲艺术天空就会黯然失色,是他们共同把这个时代推向辉煌。乔托是人文主义文艺复兴的序曲,波提切利演奏着这一伟大交响乐的第一乐章(图124),达·芬奇的油画《蒙娜丽莎》、《最后的晚餐》,米开朗琪罗的雕塑《大卫》、建筑圣彼得大教堂及天顶壁画《创世纪》和拉斐尔那充满忧郁神情的《圣母像》,则是奏响乐曲高潮的雄强音符,此曲的最后一个乐章由提香演奏。他们被全世界人民所熟知,津津乐道,永不疲倦。

图125 达·芬奇《自画像》

3.1.1 达·芬奇

列奥纳多·达·芬奇以一位全才多能的巨人横空出世,他富于热情的探索涉及科学的各个领域,被冠以数学家、物理学家、画家、机械学家、工程师、音乐家等称誉。然而这位在西方美术史上堪称画圣的大师(图125),也"千里之行始于足下"从画简单的鸡蛋开始他的美术生涯。他1452年出生于意大利山区芬奇镇,15岁投身意大利新文化中心佛罗伦萨委罗基俄的作坊,拜委罗基俄为师学习绘画。由于他的勤奋与聪慧,20岁便已出师并有出蓝之誉,但他并没有离开老师,在属于老师名下的《基督受洗》一画中,他独立完成了一个天使的形象,与其老师相比,显得更加生动优美。据说委罗基俄因此而放弃了绘画,全面转向了雕塑的创作,把绘画的天地留给天才的达·芬奇去驰骋。不负师望的达·芬奇很快就独立工作,拥有了自己的作坊,并离开佛罗伦萨去米兰发展,终成为一方神圣。

《最后的晚餐》（图126）是达·芬奇1495年在米兰创作的著名壁画。在文艺复兴那个"人的发现"和"世界的发现"的世纪里，科学与宗教是人性自觉的核心。艺术家们把目光重新转向了古希腊、古罗马那种"人神合一"的古典美，并从中寻求理想。他们通过艺术赋予宗教"人"的精神，基督教成为绘画的首选题材。他们所用的表现手段往往借助于科学，达·芬奇是对科学的解剖与透视玩得最好的人。绘画因此很快摆脱中世纪的线条与平面，而走向对三维立体真实空间的追求，从此画就有了"人可以走进去"的感觉。这种写实与对空间的模拟也就成了西方绘画的根本。

杜甫云："十日画一水，五日画一石，能事不教相促迫，王宰始肯留真迹。"记述了唐代画家王宰认真的作画态度。而达·芬奇作画更是严肃认真，在《最后的晚餐》的两年创作中，为寻求全美，他反复思考，多次实验，借助大量的习作和草图。就是因为找不到犹大的适当形象，他久久凝望却不动笔。修道院院长认为他是故意磨洋工，便向大公喋喋不休的抱怨。这样的相促相迫使达·芬奇最终将修道院院长画作了犹大，就是当耶稣对他的十二个门徒说出"你们当中有一人将出卖我"时，那个神态惶恐，紧握钱袋的家伙。他坐在从左向右数第四个座位上，只有他的脸被安排在阴影里，而此时耶稣则神态安详，从容自然，有着包容万物的胸怀。其他弟子则神态各异，一片哗然。为之震惊、愤怒，开始猜疑、剖白，有的几乎不敢相信自己的耳朵，有的黯然无奈。丰富的手势，惟妙

图126 达·芬奇《最后的晚餐》

惟肖的神情，成组的人物，以及那中央透视的构图，都说明了这是一幅文艺复兴时期的空前之作。

达·芬奇第二次留居佛罗伦萨时创作了那幅无人不晓的《蒙娜丽莎》（图127）。这时佛罗伦萨的骄傲已属于另一位年轻的巨人米开朗琪罗。他们共同应市政当局之邀创作历史画，在同一议事厅，达·芬奇创作《安加利之战》，米开朗琪罗创作《卡西纳之战》。于是，美术史上两位大师间的竞赛开始了，它吸引了众多的人，更重要的是吸引了更年轻的拉斐尔。虽然由于达·芬奇在壁画上实验自己发明的新油画颜料，《安加利之战》完成后，很快就毁坏了。但在此期间用了四年时间为佛罗伦萨商人法兰西斯柯·代尔·乔孔多24岁的妻子蒙娜丽莎所作的肖像却成为他永恒的骄傲。

在漫长的创作过程中，为了获取无比真实的感觉，达·芬奇请人为蒙娜丽莎弹琴唱歌，说笑话，并与她聊天，力求使她始终保持自然愉快的情绪，自己则迅速而生动地捕捉那美目巧笑中至高无上的美。把那种永恒而神秘的微笑永远地留在了人间。无论从那一个角度看，《蒙娜丽莎》都用那双闪耀着光彩的眼睛盯着你，并冲你微笑着，似乎要把一切都融化。金字塔式的构图使画和谐而又稳定，四分之三的脸部角度与稍微侧转的身躯形成了头、颈、肩、胸的微妙变化，显得生动自然。轮廓线朦胧而模糊，或隐或现地与周围空间交融在一起，再也没有早期画家笔下铁丝般

图127 达·芬奇《蒙娜丽莎》

的生硬感，而具有古希腊雕塑般的立体感与真实性。他使蒙娜丽莎生活在充满光线和空气的环境中，可以感知到她真实的生命，在呼吸，在思索。面对《蒙娜丽莎》让人觉得神秘而真切，美丽而朴实，静穆悠远而又亲切迷人。在蒙娜丽莎身上诗意与理想完美融合，成为古典美的典范，影响了拉斐尔，也影响后世任何一个古典主义者。

伟大的文艺复兴三杰，分别占据着意大利的三座名城：米兰、佛罗伦萨和罗马。当达·芬奇失掉法国人的赞助来到罗马时，拉斐尔的光芒照遍了这座圣城，已经很少有人欣赏他这位60岁的老人，在寂寞和困窘中达·芬奇依然继续从事科学研究和思考。这一时期他创作了伟大的素描《自画像》。炉火纯青的线条，简练的勾勒

图128 米开朗琪罗《创造亚当》

出了一位历经沧桑的老人,从那宽广的额头,深邃的目光,紧闭的嘴唇,清晰的皱纹中可以感受到这位疲倦、失望而又坚毅的智者所拥有的灵魂。最终年轻的法国国王弗朗索瓦一世将达·芬奇接到了法国。大概达·芬奇太喜欢《蒙娜丽莎》那幅画,因而始终没有将它交给乔孔多夫妇。当他怀着失意之情离开祖国时便将它随身携带。《蒙娜丽莎》从此便成为巴黎卢浮宫里最珍贵的展品,享受着最隆重的礼遇,永远留在了法国。

3.1.2 米开朗琪罗

米开朗琪罗是意大利三杰中英雄式的人物,他的主要成就在雕塑上,然而为西斯廷教堂所作的史诗般的天顶壁画《创世纪》却也能在以达·芬奇和拉斐尔为主的绘画领域占一席之地。他不同于达·芬奇、拉斐尔那种优美典雅风格,而以一种充满激情的雄强面貌出现,他的作品中涌动着源源不断的强大力感,慑人魂魄,令人振奋。在米开朗琪罗的画中不是神赋予他力量,而是他赋予上帝"人"的力量。

500平方米的天顶壁画,以圣经《旧约·创世纪》为题材,连续性地表现了从开天辟地直到洪水方舟的故事,分别名为《神分光明》《创造日、月、草木》《神分水路》《创造亚当》《诱惑与逐出乐园》《挪亚方舟》《洪水》《挪亚醉酒》。其中《创造亚当》最为精妙,创造万物的上帝正以雷霆万钧之力飞向祈盼已久的亚当。手指一触即获新生,对于将碰而未碰的手指距离米开朗琪罗处理得恰到好处,他才是真正的"上帝之手"。浩大的工程历时四年多,都由他一人完成。长期的仰面作画,使他颈项僵直,完成工作后仍无法恢复,以致书信都要举在头顶仰视。这幅画为他带来的是热烈赞美。《创世纪》被称为:"我们美术的真正灯塔,对所有画家具有不可估量的好处,为一个陷入黑暗好几个世纪的世界带来了光明。"米开朗琪罗这个英雄式的巨人战胜并超越的是他自己,他不仅是伟大的雕刻家,从此也成为伟大的画家。

3.1.3 拉斐尔

拉斐尔完全是个天才,他的才华集中

体现在他对女性美的创造上，其笔下的圣母与女神的形象大都具有现实生活的真实性。在女性身上，他把古典艺术最优美典雅的一面推向了极致。创造了现实美与理想美高度结合的完美典范。1504年左右，他在17cm×17cm大的木板上画的《三美神》(图129)集中体现着他这一细腻优雅的画风。和后世巴洛克时代鲁本斯所作的《三美神》(图130)相比，拉斐尔笔下的女神们，神态恬静安宁，身体和谐优美，显得优雅秀丽，娴静脱俗。鲁本斯则更多地表现代表美丽、优雅、快乐之意的三美神狂欢享乐的一面，丝毫不加神化和理想化，带有很强的世俗气息。鲁本斯这种颜色艳丽，富有生机，充满动感的风格与古典主义追求静穆和谐与朴素优雅的审美意趣大相径庭。拉斐尔显然与波提切利《春》之中三美神的优雅飘逸是一脉相承的。

出身名门的拉斐尔，从小就跟作为宫廷画师的父亲学画，后又转入佩鲁基诺(图131)门下，那充满蛋形与S形恬静优雅的画风(图132)，大概就源于佩鲁基诺。由于极好的天赋，拉斐尔17岁就已学成出师独立承担绘画任务。声名鹊起、才华横溢的年青人很快就与年迈的达·芬奇和正值壮年的米开朗琪罗比肩齐名，并各占一方在罗马、米兰、佛罗伦萨成鼎足之势。他的成功源于他对传统和他人艺术的长处在学习和吸收方面有惊人的能力，再凭借自己的艺术才能而直追古典美术理想。哥德说："拉斐尔根本用不着去仿效古希腊人，因为拉斐尔在思想和气质方面非常接近古

图129 拉斐尔《三美神》

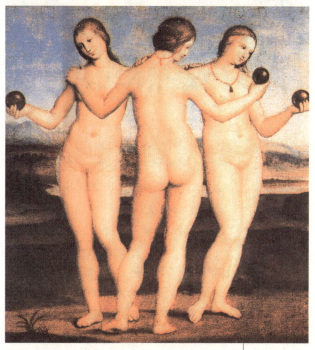

图130 鲁本斯《三美神》

图131 佩鲁基诺《玛古达拉的玛丽亚》

图132 拉斐尔《福尔娜尔娜像》

底等哲学家相互争论,天文学家、数学家、音乐家和画家们,有的在辩论、有的在沉思,有站着的、有观望的、有弯着身子的、有半卧着的。学者们各尽其态,以表现学术自由为主题,当然其中也包括米开朗琪罗和拉斐尔自己。在构图上他学习了达·芬奇《最后的晚餐》里所运用中央透视的特点,把人物都朝向柏拉图和亚里斯多德为中心的焦点,从而将动作表情丰富的人物集中统一起来。如果说米开朗琪罗的壁画是在颂扬人无限强大的意志和创造力,那么拉斐尔的《雅典学院》便是唱出引人自觉和清醒理智的赞歌。在这里拉斐尔创造了一个充满自觉思考和学术自由的理想学院,把一切都浸润在追求真理的探索气氛中,这大概也是整个文艺复兴的气息。

图133 拉斐尔《雅典学院》

希腊人。"大概这种接近古典艺术精神的气质与思想对他而言就是天赋。然而被誉为天才的人又是那么的命运不济,他和莫扎特、凡高、修拉、莫迪里亚尼、列维坦、舒伯特等一样,英年早逝,年仅37岁。

往往一提到拉斐尔的名字,人们就自然地把他和宁静如水、单纯秀美的圣母与女性形象联系起来,然而伟大的拉斐尔不仅继承了达·芬奇优美秀雅的一面,同时也吸收了米开朗琪罗的壮阔宏伟。著名的壁画《雅典学院》(图133)就是他的一幅宏幅巨制,他把古希腊以来著名的哲学家、科学家和思想家聚于一堂。在拱门下的大厅里,柏拉图、亚里斯多德、苏格拉

3.2 17至19世纪西方油画

3.2.1 巴洛克风格

古希腊的美术家以其审美理想建立起一个注重比例、和谐、唯美的再现性美术典范。古罗马人承接了这一传统，同时又给他染上更多的实用色彩。诞生在罗马帝国这血染土地上的基督教，改变了这种古典精神，美术曾一度走向非再现性，让漫长的中世纪闪耀着新的光芒。从此后希腊神话与基督教成为西方美术最大的宝藏与取之不尽的两大题材之源。美术的再现性与非再现性观念也此起彼伏地演绎着历史。挖掘了古希腊、古罗马古典理想的文艺复兴精神很快蔓延至整个欧洲，在意大利以外的尼德兰、德国、法国等地迅速地发展，并带有各自不同的特点，且与意大利美术家彼此借鉴、互为补充地创造着古典主义的繁荣与辉煌。其中扬·凡爱克、布鲁盖尔、丢勒、荷尔拜因等都是不同凡响的大家。随后，以独特新奇与精致为特征的样式主义审美逐渐背离了这一古典理想，文艺复兴的精神才正式消亡。

继文艺复兴之后的是17世纪到18世纪上半叶的巴洛克美术。巴洛克原意是畸形的、不规则的珍珠，以富丽堂皇的装饰性为特点，最早出现在建筑领域，之后很快就遍布欧洲各类艺术。在绘画中巴洛克风格一改文艺复兴那种宁静、单纯的理想，而追求富丽、动态、繁复的表现形式。在油画上，光影和色彩取代了以线条成为主要的绘画手段。这一风格的典型代表就是鲁本斯（1577—1640年）。

彼德·保罗·鲁本斯是美术史上少有的出身名门、一生享尽荣华富贵且在美术史上取得巨大名誉的幸运儿。他感情丰富，兴趣广泛，视野开阔，有一股极旺盛的生命活力。他虽出身于德意志的小镇萨根，却终生活动在尼德兰、西班牙、法国、意大利乃至英国的社交界和政界，并以其高贵气派的举止，谨慎斯文的谈吐以及最负盛名的画艺，赢得了各地君王和权贵们的青睐与宠信。但在鲁本斯自己眼里绘画却一直是他的第一事业。当他以西班牙外交官的身份出使英国并在外事之余勤奋作画时，英国人惊异地问他："您的第一职业是外交，第二职业是绘画？"鲁本斯就郑重的回答说："不，我的第一职业是绘画，外交才是第二职业。"

鲁本斯天资聪颖，在美术创作上是一个有心人。他如饥似渴地探索古典美术的真谛，吸收古希腊、古罗马的雕像以及意大利文艺复兴大师米开朗琪罗、提香、拉斐尔、卡拉瓦乔等人作品中的营养，以开拓自己的美术天地。同时，他也从未放弃对丰富多彩的现实生活和美丽大自然进行直接写生。他认为，一些古典样式主义美术家是在抄袭古代雕像，所表现的不是洋溢着生命活力的人的肉体，而是冰冷的大理石。鲁本斯要以自己旺盛的精力和惊人的才华开创美术的新领域。

《竖起十字架》就是这一转型时期的杰作。这是他回归故里佛兰德斯后，对他在意大利的所学进行综合有力的尝试。雄浑与悲壮的画面气势使人联想起丁托列托充满情感张力的作品；充满厚重雕塑感的人体，自然是来自米开朗琪罗的启示；响亮的色调无疑有威尼斯画派提香的影子；而颇具戏剧性的明暗对照则是卡拉瓦乔的。但除此而外，画中还弥漫着一股与文艺复兴精神相去甚远的强健生命律动。这是一种新的精神，它是佛兰德斯的，更是鲁本斯的。

在这幅画里，古典金字塔式的稳定构图消失贻尽，取而代之的是极度倾斜的对角线交叉方式的构图安置。扭曲的人体前倾后仰，沿着螺旋线回旋往复，在视觉上造成强烈的动荡感。眩人眼目的高光与富于层次的暗色调形成鲜明的对比，这些都构成了巴洛克艺术的典型特点。

在接下来的探索中，鲁本斯日益弱化轮廓线，使线条若有若无地融化在色彩与光线中，画面被富丽、活泼的色块交融与微妙变幻的明暗光线所替代，显得自然而充满生气。《孩子头像》就是他的神来之笔。在卢浮宫保留下来代表巴洛克最典型风格的是鲁本斯最著名的作品《玛丽·德·美第奇生平》组画。其中《玛丽·德·美第奇王朝》（图134）一画显得流光溢彩，散发着浓郁的浮夸、虚饰的情调，带有辉煌、富丽的世俗气息。君王贵妇、神灵天使，个个珠光宝气。场景庞大，人物众多，把想象与现实编织在一起，构成动态强烈、画面活泼的结构，他尽力把这位法国王太后沉闷乏味的一生表现得像是充满戏剧性的传奇故事一样。鲁本斯娴熟自如的绘画技巧在这里取得了辉煌的成就，但隐藏在这个美丽非凡的光彩世界中的内容，却显得贫乏而空洞，少了份含蓄与平实，多了点谄媚与矫情。而摒弃巴洛克艺术中这一俗气与矫饰的是一位荷兰大师伦勃朗。

当欧洲还普遍处在封建专制制度统治的17世纪，荷兰共和国已经走上了资本主

图134 鲁本斯《玛丽·德·美第奇王朝》

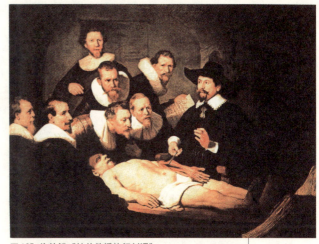

图135 伦勃朗《杜普教授的解剖课》

义的发展道路，商业贸易成为最大的经济基础。银行家、商人、船主与工厂主等一批中产阶级自然也就成了社会的上层阶级。新文化气氛的培养与中产阶级对绘画的需要与赞助，带来了世俗性绘画的空前繁荣。绘画题材也更多的由宗教转向现实社会，新兴资产阶级和中下层贫民扮演着绘画的重要角色。荷兰绘画除了拥有巴洛克那种充满动感与纵深感以及构图自由奔放、轮廓虚实变化大、丰富有致、含蓄自然的风格特点外，同时又具备自己民族一向巩固的自然主义传统，在自己的美术追求中注入现实的主题。这样一来，就使荷兰的世俗画具有了更深刻的内涵，不同于巴洛克美术那种夸张、华丽、讲究排场、贵族式的矫饰特点，而呈现出一派严肃、真挚、庄严、朴实的平民式写实艺术。伦勃朗正是这一时期荷兰绘画的最高代表。

伦勃朗的出生还算富裕。从莱顿迁往阿姆斯特丹后，由于成功地完成了《杜普教授的解剖课》(图135)这幅画而一鸣惊人。这是一幅集体肖像画，构图上他打破了过去人物并列的呆板构图模式，而采用了三角形构图。光线从左边射下来，落在尸体上。杜普教授那只正用解剖刀挑起红色肌腱的手，成为画的焦点和人们关注的中心。画面安排得十分紧凑，教授独占右边，学生们聚于左侧。伦勃朗为了清晰地表现每一个人，就让光投在每个人脸上，并成功地塑造了他们的神情特征和心理世界。杜普教授的镇定自若，与学生们的惊异惶恐形成鲜明对照。他和鲁本斯一样从卡拉瓦乔那儿学来了明暗对照法，使画面产生一种含蓄而深沉的氛围，最终形成了特点突出的"伦勃朗式"的光影效果。这幅画是伦勃朗成为用光大师的第一步。由于世俗的压力和被画者的要求，他又不得不把每个人的名字都写在一张纸上，让画中人拿在手上，这显然是无奈的蛇足之笔，但这幅画的成功鼓舞着他从此以后再也没有附会世俗的习惯，而一直坚持自己的方法。

绘画事业的成功给他带来好运，他恋爱了。1634年28岁的伦勃朗与已故市长的女儿莎士基亚结婚，新娘带着四万盾的陪嫁。这是伦勃朗一生中最幸福的时光，他集荣誉、财富和家庭于一身。这一时期 他的爱妻总是笑盈盈地出现在他的作品上，生活的幸福可窥一斑。伦勃朗兴趣广泛，热爱收藏，又花巨资以分期付款的方式买下一幢豪华住宅，并布置画室招收学生。

然而厄运似乎总与幸福形影不离。1636—1641年伦勃朗的四个孩子死了三个，只有最小的蒂图斯活了下来；1638年莎士基亚家族成员公开指控伦勃朗挥霍莎士基亚的陪嫁财产，官司以伦勃朗失败告终；1641年，伦勃朗敬爱的母亲离开了人世；1642年他的爱妻莎士基亚因肺痨也撒手人寰；接下来就是债主们纷纷上门讨债，伦勃朗落入艰难的境地，但是他坚强地承受着命运的不幸，不但没有放下画笔，反而加倍进行艺术创作。在以后的日子里他的生活每况愈下，但他的艺术却日臻精妙。

在《夜巡》(图136)一画中，伦勃朗赋予了群像生动自然的面目，摆脱了纪念留影式集体像的僵板公式，进入了一个新的艺术境界。把十年前在世俗习惯压力下所作的《杜普教授的解剖课》那种所有人的面孔都要转向观众，并处处清晰的做法抛得一干二净，代之而来的是人群涌动、旗枪林立、狗吠鼓击、一片欢快的生动场面。那个身穿黑衣的射手公会队长与身穿黄衣的助手成为画上最显眼的人物，其他人则退到较暗的阴影里，他放弃了每个人应当以立正姿势面对观众的模式而完全依照自己的想法，将群像融入微妙的光线变化中，强调明暗关系与空间层次的丰富性和整体感。这样一来画面主题突出而又浑然天成，产生了惊人的戏剧性效果，堪称伦勃朗这一时期的巅峰之作。

但不幸的是因曲高而和寡，一般人的审美习惯只希望把人物丝毫不差的像照相一样画出来，而接受不了自己被安排在画面的中景、远景甚至处在阴影里。因此射击公会对伦勃朗的作品很不满意，为索回画金而将此事诉诸公堂，并对伦勃朗与他的作品进行大肆攻击和诽谤。这幅杰作使伦勃朗声名一落千丈。挫折不但没有中断他的创作，反而使他对现实生活的感受更

图136 伦勃朗《夜巡》

加敏锐，艺术追求更加执着，作品也更加深刻，伦勃朗此时已疏远了中产阶级权贵而更多更深地思考人的命运，并越来越同情、尊敬普通人。

1649年一位23岁的女仆走进了伦勃朗的生活。这位温柔忠诚的人给伦勃朗以极大的安慰，陪伴着他度过十几年艰难的生活，使他得以继续进行艺术上的探索。但是宗教的压力使他们焦头烂额，追债者又使他们最终破产。当家宅、全部画作包括收藏别人的作品悉遭变卖后，伦勃朗一家人不得不移居到狭小的客栈。尽管这样，厄运与不幸还是没有放过他，1663年他那位质朴娴静曾给予他不懈支持和慰藉，却一直没有获得妻子名分的爱人也染疾而终，仅活了三十来岁。五年后，伦勃朗又埋葬了他的最后一个亲人蒂图斯，伦勃朗成为世界上最为孤独的人。一年后，也就是1669年10月4日，穷困与寂寞的伦勃朗离开了人世。在他旁边除了一册《圣经》和几管用完的颜料管外，别无它物。但他却给人类留下了约600幅油画、1300余幅版画和2000幅左右的素描与速写，成为荷兰最大的骄傲。

尽管在最贫困的时候，伦勃朗不得不为生计出卖妻子莎士基亚的墓地，但他始

THREE

图137 伦勃朗《自画像》

终没有出卖艺术，他晚年的作品超然安宁，笼罩着一股静谧深沉的气氛。人物心理的描绘更为深刻，技法更为娴熟，作品中浸透着一种铅华落尽的质朴美，深沉而悠远，拥有包容一切的胸怀。虽然不是宗教题材，却也能从其独特的用色和无限深远的褐色背景共同造成的静穆和谐氛围中产生神圣的感觉，难怪凡高说，人们在观看伦勃朗的作品时不禁会产生对神的信念。画于他生命最后一年的《自画像》(图137)就是这样的一幅作品。

除伦勃朗以外，荷兰的又一骄傲是同时代的画家维米尔，他是一个19世纪才被重新认可的大师。维米尔的画常以普通人的日常生活为题材，他总是把人物安排在有特殊光线的静谧环境中，创造一种明净和谐、充满诗意的境界。与伦勃朗深褐色背景不同的是，维米尔画中空气总是明净而透明，色彩也鲜明干净。从《拿牛奶罐的女仆》(图138)与《读信的女郎》(图139)两幅画中，我们可以感觉到，维米尔用细腻的写实手法传递出宁静恬适的生活情境，让观画者如沐春风。

荷兰画派较早地出现了绘画题材的分科，使过去少有的风景画与静物画也独立起来，与肖像画和风俗画共同形成了荷兰的四大画种。其中霍尔玛的风景画《并木林道》(图140)，霍斯达尔的《韦克的风车》(图141)，德·费尔德的《炮声》与赫达的静物画《餐具》(图142)等等都是这一时期的杰作。

这一时期，在欧洲还有一个耀眼的明

图138 维米尔《拿牛奶罐的女仆》
图139 维米尔《读信的女郎》

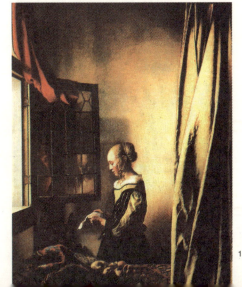

图141 霍斯达尔《韦克的风车》

星就是西班牙的委拉斯贵兹,他是西班牙最伟大的写实主义画家,有着过人的洞察力。他所画的《教皇英诺森十世像》(图143)在交给教皇时,教皇惊讶而又不安地说了一句话:"过份像了。"因为他高度的写实技巧深刻而逼真地表现了这位教皇的凶狠和狡猾,又表现出了这位76岁老头在精神上的虚弱,脸上刹那间的神情还算坚强有力,放在椅把上的双手就显得十分软弱无力了。这幅画很快引起轰动,许多人临摹它,像对待奇迹似地研究和欣赏它。委拉斯贵兹的成就最终使他的名字可以和17世纪巨匠鲁本斯、伦勃朗并驾齐驱,为西班牙带来了荣耀。

图142 赫达《餐具》

3.2.2 洛可可风格

时光匆匆一百年,18世纪初洛可可风格在法国宫廷开始流行。这是一种受中国丝绸和瓷器图案的影响,在建筑装饰和工

图140 霍尔玛《并木林道》

图143 委拉斯贵兹《教皇英诺森十世像》

图 144 华多《舟发西苔岛》

艺美术上大量使用曲线花纹,具有贝壳和叶子的纹样特征,追求纤巧华丽的风格。表现在绘画上则是一种颜色鲜明、色调轻柔,迎合贵族趣味的宫廷艺术。它的真正创始者是让·安东尼·华多。华多偏爱于以上层人物的消闲生活为题材,诸如求爱活动、剧场跳舞、游园等。

《舟发西苔岛》(图144)描绘的就是一群身穿盛装的对对情侣,向西苔岛进发的场面。小爱神在空中飞舞,画面气氛梦幻而浪漫,人们似乎都沉醉在充满诗意的仙境中。虽然做着各种矫揉造作的姿态,却掩饰不住没落贵族内心空虚的精神。华多发扬了鲁本斯画中华丽的一面,在表现贵族纵情享乐和妇女的娇颜粉态方面有着杰出的才能,这幅画使他获得了法兰西美术学院院士的称号,同时还得到一个专门为他想出的"雅号"——"风流场面画家"。洛可可艺术创作带有强烈的玫瑰色梦幻情调和贵族的脂粉气。如果艺术是一个时代真实的反映的话,那么洛可可艺术创作正是走向衰落、日趋崩溃的法国贵族文化的集中体现。

布歇的创作也尽量迎合贵族阶级的趣味,画了许多恋爱、调情、拥抱、接吻等空虚无聊的场面,常借用维纳斯、迪安娜等女神形象,表现浮华的官能美。如果说他早期的作品还算有生活气息的话,到后来就越来越矫揉造作,只追求表面的富丽堂皇,而没有深刻的内涵。构图繁琐,景物细致,爱神满天飞,鲜花宝器尽量堆砌,妇女娇态媚姿,色彩细腻柔和缺乏力感,

人体通体透明如瓷器般光洁,却缺乏一种内在的生机。《迪安娜出浴》(图145)就是他的著名作品。布歇在官方和美术界有很高的荣誉,特别得到路易十五著名的情妇德·彭巴杜夫人的宠爱,成为路易十五时代的宠儿。

与华多、布歇等洛可可风格不同的是夏尔丹的艺术。夏尔丹对借圣经与神话形象为题材的学院派说教式作品不感兴趣,也反对对贵族奢侈浮华生活进行赞扬,却偏爱荷兰美术,热衷于对市民日常生活的表现,这大概源于他出身于第三阶级。夏尔丹的绘画中没有宗教的外衣,也不需复

图 145 布歇《迪安娜出浴》

图146 夏尔丹《铜水箱》

古,只以身边最熟悉平凡的食物、用具为对象,去描绘普通市民的生活、习惯、起居、饮食,表现出一种安静朴素的生活感情。他从不描绘贵族庭院和宫室的"优雅世界",而专门描绘身穿围裙的家庭妇女,用围裙替代了贵夫人的花边披肩。他这种朴素的感情和对平民生活的写实手法,带有强烈的现实主义美感,成为法国现实主义的前兆。

夏尔丹的景物画《铜水箱》(图146)带有以上所说的诸多朴素特点,他放弃了荷兰静物中对精致银盘、珍肴果品的描绘,而选择第三阶级家庭中最普通的水箱去挖掘它的性格,富予它生命。展现出一种质朴无华的平实美,给人以温暖亲切的感觉,让人窥见主人朴素的生活和勤俭的美德。夏尔丹以其静物画的成就,于1728年荣获院士称号。

3.2.3 新古典主义

18世纪中叶,庞贝城的发掘,温克尔曼美学思想的传播,古典主义又引发了人们的兴趣。随着法国大革命的爆发,资产阶级需要借用古希腊与古罗马的英雄行为和古典艺术的样式为革命服务。18世纪末到19世纪初的法国随即出现了新古典主义艺术,也称革命古典主义。著名油画《马拉之死》(图147)就是新古典主义杰出代表达维特的作品。资产阶级革命成功后,作为革命民主派雅各宾党领袖的马拉,1793年7月13日被反革命吉伦特党人暗杀。达维特满怀气愤直观地表现了这位不顾疾病忘我工作的革命领袖被刺的惊心时刻。整幅作品处在一种悲情氛围中,画风严谨写实,以强烈的视觉冲击力,提醒人民对反革命复辟阴谋要提高警惕,体现出新古典主义艺术的革命性与战斗作用。

达维特的学生安格尔的艺术则更多地体现着新古典主义优美细腻的学院作风,他更向往于古代艺术而不再热衷于革命精神。他认为古希腊、古罗马乃是"艺术之国",狂热地迷恋拉斐尔。并通过对人体美的表现,寻求和谐完美的形式以达到理想的美术目的。《泉》(图148)、《土耳其浴室》(图149)、《浴女》(图150)是安格尔人体画中的精品。安格尔挖掘了古典绘画线条的魅力,把素描推到一个至高无上的地位,用他精湛的造型与表现技法将古典的理想美又一次展现在我们面前,使绘画走向了唯美主义的道路。安格尔也被西方学者捧为天才与最杰出的古典主义画家,成为学院艺术的领袖,统治着整个美术界。然而他的作品却离现实生活越来越远,成为从

图147 达维特《马拉之死》

图149 安格尔《土耳其浴室》

图150 安格尔《浴女》

图148 安格尔《泉》

形式出发拥有高度技巧的所谓"纯艺术"。浪漫派艺术家反感于这种一味模仿古代的保守艺术,以一种新的艺术现象在新古典主义的强力压制下顽强成长。

3.2.4 浪漫主义

浪漫主义的形成与当时法国圣西门、傅立叶及英国欧文等人的空想社会主义思想的传播,和歌德、拜伦等人的浪漫主义文学的影响分不开。浪漫主义美术强调个性解放与主观感情的表达,反对学院派迎合贵族的趣味和追求古代艺术形式的纯理性表现,而注重感性。在具体的表现手法

图151 德拉克洛瓦《自由引导人民》

上,浪漫主义惯用夸张、寓意的手法,用色强烈,笔调奔放,反对古典主义造型严谨,表面光洁的素描效果。浪漫主义注重个人对现实和理想的内在感受与抒写。积极浪漫主义带有革命性,反映人民群众对现实社会制度的强烈反抗;消极浪漫主义则以逃避的态度,怀古复古,寄思想于宗教或异国情调中。与达维特同时代的西班牙画家戈雅是浪漫主义的先驱,又通过法国德拉克洛瓦的不懈努力,富于热情的浪漫主义最终击败了新古典主义学院艺术。

作品《自由引导人民》(图151)又名《1830年7月28日》,是德拉克洛瓦浪漫主义绘画的突出代表,也是对法国7月革命胜利的歌颂。1830年7月巴黎工人、小手工业者、青年学生和其他劳动者八万人拿起武器冲上街头,与保皇派英勇作战,"自由万岁"的口号响彻云霄。经过三天三夜的激烈巷战,终于推翻了复辟后的波旁王朝。图中一个象征自由女神的妇女高举三色旗帜,健美而坚强,英姿飒爽,小孩也手握钢枪,冲锋在前。人民为了自由一呼百应,与保皇军苍白僵硬的尸体形成对比,产生强烈的视觉震撼力。德拉克洛瓦在这幅画上只清晰地描绘了四个人,却有千军万马的气势。色彩斑斓绚丽,笔法奔放激荡。德拉克洛瓦被称作"浪漫主义的狮子",用他那饱满的激情,与革命一道儿战胜了冰冷的古典主义。但不幸的是金融大资产阶级登上了王位,篡夺了人民的胜利果实。德拉克洛瓦最终失望地把目光投到东方的异国情调中去了。

3.2.5 现实主义

正当法国风风火火地进行着一系列革命和起义时,巴黎的一群风景画家,离开城市搬到近郊的枫丹白露森林区旁边的一个小村——巴比松村,在那里静心地描绘大自然。他们被称为巴比松画派。巴比松画家对政治抱着淡漠旁观的态度,对墨守成规的学院艺术和充满异国情调的浪漫主义都不感兴趣。他们热爱大自

THREE

然,把精神完全寄托在对自然美的描绘上。巴比松画派最终成为法国现实主义的前奏。其中出色的画家有德奥多尔·卢梭、第阿兹、丢普列、特罗容、杜比尼,还有与他们关系密切的柯罗和米勒,共同被称为"巴比松七星"。他们的活动很容易让人联想到中国的竹林七贤,而让·巴蒂斯特·卡米耶·柯罗则更像是一个中国画家。他把自己比作百灵鸟,尽情地为自然歌唱。为了探索自然的奥秘,领略黎明景色的变化,他常在清晨三点钟静悄悄地坐在大树下,从朦胧中观察聚散的雾气和依稀可辨的景物。当太阳初升、草木苏醒时他已拿起画笔沉醉在迷人的风景中了。

柯罗完全是一个大自然的抒情诗人,他继承了法国古典风景画的传统,吸收英国浪漫主义风景画和荷兰写实主义风景画的营养。更重要的是他直接向大自然学习,他的名言是"面向自然,对景写生"。意大利著名美术史家文杜里分析柯罗的作品时说:"这不是古典主义,因为这里感觉不到任何强加于观众的预定秩序。这不是浪漫主义,因为画中没有感伤,没有热情,没有英雄,没有戏剧。这不是现实主义,因为感奋了画家的自然整个被他搬入了想象的世界。"的确对于柯罗的作品不能简单的以某一主义作机械的定位分析。但反过来我们也发现柯罗的作品中具有古典主义的宁静,浪漫主义的抒情和现实主义的真切与朴实,他最终被划归为现实主义。无论怎样,还是让我们忘掉语言,将全部身心融化在他那充满诗意的画境里吧!

《梦特芳丹的回忆》(图152)是柯罗晚期最成熟的代表作品,阳光洒在绿色的草地上,一棵巨大而古老的树占据了画面四分之三,树叶浓密,枝条舒展,与左边的孤树干相呼应,构成优美的线条律动。色调柔和细腻,带有梦幻般的怀旧色彩,远处的湖光山水,朦胧清幽,如镜如纱。漫漫草地上的采花女和小孩给这个沉静的世界带来无限生机。画意朴素而浪漫,境界似真似梦。像一首优美的梦幻曲,抒情而写意,优雅而富有韵律,让人产生无限遐思。

柯罗不仅画技超群,而且为人更受称赞。巴比松另一位画家杜勃莱曾说过:"做一个像柯罗一样的画家难,至于做一个像柯罗一样的人,则是不可能的。"因为他热心而无私地帮助过很多艺术上或生活上陷入困境的艺术家,杜米埃、米勒就是其中的两位。高尚的人格使柯罗有"艺术界的圣徒"之称。他的绘画代表着欧洲风景画的高度成熟,他本人也成为法国最杰出的风景画家。就连枫丹白露森林也因他而闻名世界。

米勒是一个农民画家,他出身于农民家庭,又以农民为表现对象。他没有正式上过美术学校,年轻时他得到老师及政府的资助前往巴黎,拜德拉罗什为师学习绘画。但米勒不喜欢老师的"沙龙艺术",又因交不起学费而很少到德拉罗什的画室,大部分时间都泡在了卢浮宫,那里成了他的学校。为了糊口他不得不给人画肖像,并

图152 柯罗《梦特芳丹的回忆》局部

作些宁芙等女神的裸体画,但很快他就厌倦了巴黎灯红酒绿的都市生活,于是搬到了郊外的农村——巴比松村,过着贫苦的农耕生活,一面耕种一面作画,直到生命终结。和巴比松其他画家以大自然为对象,醉心于自然不同的是,米勒更热爱农民。因为他本身就是个劳动者,也深知劳动的伟大意义,所以他能以诚挚而朴素的感情,站在农民的立场上诗一般的歌颂农民,真实而深刻地反映他们的质朴勤劳与艰辛疾苦。

《播种者》、《拾穗者》(图153)、《晚钟》(图154)都是我们耳熟能详的作品,尤其是《拾穗者》更是米勒的成熟之作。横向构图,空旷开阔。近景三位身着粗布衣裙脚穿沉重旧鞋的妇女正弯腰低头在刚收割过的麦田里拾散落的麦穗。她们的造型纯朴浑厚,健壮有力,是真正劳动者的形象,真切而感人。远景是一望无际的麦田与灰蓝的天空,马车满载麦子,庄园主头戴草帽骑在马上远远监视着。阳光普照在金黄的大地上,构成丰富细腻的温暖色调,和谐统一。美丽的风景与劳动的艰辛,一起呈现在我们面前。米勒说:"这里的小麦成熟了,人们流着汗水而且不能把时间放在嬉戏上"。他的作品则包含着对劳动者的同情与爱怜。《拾穗者》是米勒思想与技术的完美结合,罗曼罗兰曾把这三位农妇誉为法国的三女神。

暮色中,一对农民夫妇还在田间劳作,忽然听到远处教堂传来的钟声,便停下手中的活计,静静贮立,默默祈祷,这就是米勒的另一幅作品《晚钟》。在淳朴诚实的劳动者身上,信仰就是追求道德与向善。他们真正相信人不但是为面包而活着,更要靠道德与理想的支持,每当钟声响起时,他们总为可怜的死者祈祷,为可爱的生者求福。米勒通过虔诚苛己的宗教行为,反映劳动人民品格中的优良素质,同时也深刻揭示着现实与理想的矛盾:他们虔诚的结果还是破旧的衣服,简陋的工具与独轮车上的两小袋土

图153 米勒《拾穗者》

THREE

豆,夕阳下无垠的大地将他们映衬得更加孤立无援。

米勒笔下的农民没有反抗,只有对命运的谦恭与柔顺,他更重要的是要人们去缅怀那些辛勤劳动,任劳任怨以自己汗水养育众生的农民。米勒把农民的命运看作自己的命运,与农民休戚相关。正如他自己说的"我生来是一个农民,我愿意到死还是一个农民。"这大概就是米勒作品能够打动人心的重要根源,米勒在法国现实主义绘画中确立了真实反映农民日常生活和艰苦劳动的新型风俗画风,影响了一批描绘农民生活的田园画家。

现实主义美术在俄罗斯以巡回展览画派为代表,出现了一批卓有成就的艺术家,列宾是其中的典型代表,也是俄罗斯现实主义的泰斗。他19岁(1863年)进入彼得堡美术学会创办的美术学校,第二年就考入了彼得堡美术学院,不但掌握了熟练的绘画技巧,更重要的是学会了以平民主义思想去理解艺术的本质和任务。他批判为艺术而艺术的观点,掌握"美就是生活"的原则,接受车尔尼雪夫斯基民主主义美学理论:艺术不但反映生活,而且赋有解释生活,批判生活现象的任务。俄罗斯美术在列宾的努力下登上了批判现实主义的高峰。

《伏尔加河上的纤夫》(图155)这幅画是他第一幅振奋人心的作品,而且是在美术学院学习时完成的。这是一件反映现实生活的成功之作,当年青的列宾去伏尔加河旅行时,河岸的风景与纤夫们的生活给他留下了深刻的印象。他开始绘制此图,历时三年才大功告成。宽广的伏尔加河上,一群纤夫在沉重的劳动中,缓慢地沿河滩向前走着,暴晒、闷热与不堪重负的生活把他们折磨得痛苦万分,年青的、年老的都破衣褴衫、脸膛黝黑、身体前倾、双手无力地低垂着,显得疲惫不堪,双脚也像生了根一样。纤夫们蓬头垢面、神情苦涩,小伙子更是闷热难耐。在共同的步伐中,每个人都有不同的姿态,但拉纤的痛苦、难受与无奈又都是一样的,这幅画就像纪念碑一样真实确切地记载了劳动人民在农奴制与资本主义双重压迫下如牛如马、贫困艰苦的生活。此画在彼得堡、维也纳、巴黎等地展出时,立刻引起上层社会人士的空前喧嚷。认为这幅画是直接抨击资本主义世界的一种狂妄举动。

图154 米勒《晚钟》

图155 列宾《伏尔加河上的纤夫》

列宾在随后的日子里创作题材更为广泛，作品也更能打动人心，他的绘画成为俄国人民珍贵的艺术财富，他的名字与文学巨匠托尔斯泰、音乐家莫索尔斯基、柴可夫斯基并列。

俄国19世纪下半叶美术的繁荣，不仅表现在肖像画、风俗画和历史画上，同样也表现在风景画上。以"森林歌手"希什金为首的俄罗斯风景画派中，列维坦作为后起之秀，集中了巡回画派的现实主义优秀传统，以独特的风格屹立画坛。被契柯夫称为风景画家的"国王"。列维坦和法国的柯罗一样用自己的画笔抒写着大自然的优美诗篇，成为真正的大自然的抒情诗人。他能从莫斯科附近极其平凡的田野、河流、湖泊、道路、小桥和白桦林中，发掘出感人的艺术魅力。

《白桦林》(图156)就是列维坦一幅画幅很小的大作，全幅只有50厘米宽，不足30厘米高，却画了四年时间。宽银幕式的构图引导观者由近及远，渐入佳境。近景以特写的手法取中间一段树干，刻画得精细入微；中景是一组树木，聚散错落，楚楚动人；远景是无尽的白桦林，引人入胜。扑面而来的是油画色彩的感染力，人们像是走进了绿色的海洋，纯静鲜亮的绿色，如宝石一样晶莹透明，配以玉白色的树干、亮黄色的光斑，构成一曲光影迷离的绿色交响，清新迷人，使人沉醉其中，乐而忘返。

列维坦不仅写景，更重要的是写情。《深渊》(图157)一画大概是因为这里曾发生过一场凄凉的爱情故事而使画面显得忧郁悱恻。传说以前，磨坊主有个美丽的女儿，叫娜塔莎，与附近男爵家一个英俊的马夫相爱了。女孩有了身孕，爵爷知道后把马夫打个半死，并罚他终身服兵役。悲痛欲绝的娜塔莎投湖而死。这个悲剧使画家很受感触，列维坦因而赋予了这幅画深沉的内涵。寂静的黄昏，夜幕降临前的浮云，平静的湖水，深绿色的倒影和破旧的木桥，统一在深沉的清冷色调中，造就了寂静无人而又压抑凄然的气氛，给人一种人去楼空的忧郁与失落，引人深思。

图156 列维坦《白桦林》

图157 列维坦《深渊》

3.3 印象主义

3.3.1 印象派

1874年法国巴黎举办了一个沙龙落选作品展览会,由"无名画家、雕塑家、版画家协会"举办,以对抗官方的沙龙展览。这个展览在当时引起舆论界的喧哗,由于展出的作品有莫奈的《日出·印象》(图158)一画,《喧噪》杂志的路易·勒罗瓦就以《印象主义的展览会》为题,借观众之口极尽攻击嘲讽之能事,"印象主义"一词由此而生。这批无名美术家顽强地团结在一起,对这一名称也干脆欣然接受,并将这次展览定为第一届印象派展览会。在后来的十几年间印象派连续举办了八次联展,他们的活动成为以法国为中心,波及整个欧洲的一场美术革命。

大概由于牛顿通过三棱镜发现了七彩光的影响,印象派画家厌倦了酱油色的室内绘画,把画布搬到室外的阳光下,他们发现光原来是色彩的主人,因而尽情地表现自然界千变万化的光色关系。他们认为任何物象在画家笔下只不过是表现光与色的媒介罢了。他们对生活的本质漠不关心,研究各种光源照射在物体上发生的变化是他们的头等大事。这种只追求物象表面光色美感的纯艺术观点是印象派画家的主导思想,而自然主义文学家左拉则给他们提供理论上的依据:"绘画给人们的是感觉,而不是思想。艺术创作既不需要推理,也不需要批评,陈述就够了。"对于印象主义的存在任何批评都已无济于事,他们正摧枯拉朽地进行色彩的革命。而且这次的色彩革新对绘画而言起到了质的变化,他们不但在表现方法上按照光学原理进行光色分析,更重要的是把色彩从造型艺术的一般手段,变成表现的目的。

印象主义的端倪是爱德华·马奈,印象主义的名称却缘于克罗德·莫奈的那幅《日出·印象》。最终克罗德·莫奈通过自己的不懈努力成为印象派的中心人物,被称为"印象派之父"。《日出·印象》这幅画,莫奈描绘的是旭日初升时海面上被薄雾笼罩的朦胧景色,一切都在朝阳雨水中显得模糊不堪。没有细致的物体轮廓,也没有明确肯定的色彩,而是特意表现大自然在日光下似真似幻的朦胧感觉与模糊一片的光色效果。这种对光线与空气变化的

图158 莫奈《日出·印象》

图159 莫奈《睡莲》

体味和对自然写真的艺术追求,自然是来自巴比松画派柯罗等人的影响,只是比巴比松画家更为彻底。印象派对光色效果的追求就像中国文人画对笔墨效果的追求一样,都是在表现手段中挖掘其独立审美意义。这幅画抓住了大自然的瞬间印象,充满迷朦含蓄的意境。《日出·印象》是莫奈的光色写意,也是西方美术史上一个转折性的作品。

莫奈痴迷于对同一物体在不同时间中的光色与空气变化,进行细致的探索与表现。他在同一地点对一个干草堆,从早到晚,从春到冬,画了15幅不同构图、不同色调的组画连作。对壮丽的卢昂大教堂也不厌其烦地深入表现它在黎明、中午、黄昏、雾中、雨中、黑夜等不同天气与光线下的各种变化,以至于连续作了20幅不同色调的卢昂大教堂。这些画都是对景写生,往往一天内进行好几张画,但又不是在一两天内完成,而是在每天的相应时段画相应的画,直到画完为止。

晚年的莫奈建造了一个水上花园,专门研究睡莲(图159)和池塘水天的色彩变化,沉浸在阳光、空气、雨露编织的色彩世界里,感受小草的生长,聆听自然的呼吸。他使人不禁联想起一位"策扶老以流憩,时矫首而遐观"的老人——陶渊明,并和陶渊明一样过着与自然相契合的生活。

每个画家都有其擅长的题材,印象派画家爱德华·德加就不像莫奈那样迷恋风景,而热衷于人物画,尤其以擅画舞女著称。他有着高超的素描能力,并掌握了一手流畅的线描功夫。他的作品一般不是当场完成,而是凭借着素描、速写,通过记忆在画室中加工完成的。在德加画中起主导作用的不是光,而是人物动作的瞬间变化和衣服的闪烁色彩。他笔下的舞女千姿百态、生动活泼,完全出自生活的真实体验。这些舞女都是没有名气的一般演员,收入微薄,生活艰难,虽然台上舞姿翩翩,台下却劈叉、压腿、弯腰苦练,以致呵欠连天,疲惫不堪。德加对她们动态神情的细致观察和扑捉再现,使这一切在他的作品中一览无余。既如实地表现了舞台、排练场、音乐厅、咖啡馆、休息室 舞女们光彩映照艺术生活,又引起人们深深的同情(图160)。

奥古斯特·雷诺阿不同于德加那样排斥风景写生,相反他则与莫奈一起作风景画,并把莫奈描写外光的方法运用到自己人物画的创作上来。《红磨坊街的舞会》(图161)是雷诺阿把莫奈风景画中光色交响式的色彩效果运用到人物表现上的成熟之作。丰富饱满的全景式构图,描绘了一群无忧无虑的青年男女,在光色斑斓的世界里围坐交谈，翩翩起舞，呈现出一派热情奔放的欢乐场面。五彩缤纷的灯光效果，容光焕发的美丽少女，共同构建了一个美妙迷人的画面。颤动的光影使人迷醉，幻烂的色彩使人眩晕，有如"酒饮微醉"后的飘然。

雷诺阿后期的作品大量描写浴女和人体，他被女性人体的魅力深深吸引。他和德加一样通过柔美的线条、富丽的色彩对裸体进行坦率的描写，沉浸在人体美的追求中。西方油画历来都在人体中寻求至高无上的美，波堤切利的优雅飘逸，提香的宁静悠远，拉斐尔的和谐完美，鲁本斯的热情奔放，安格尔的优美细腻，华多的浪漫抒情……他们都在人体中探索最和谐的形式，寄寓最完美的理想。雷诺阿也毫不例外的认为人体是自然界最美的东西，她将给人带来最高的艺术享受。

在他的作品中，浴女常常是面目娟秀大方，体态丰腴娇娆，造型圆润结实，体现着他对健康、妩媚与快乐的追求。而更值得一提的是雷诺阿对人体色彩的追求与表现有着过人的一面。他细腻地刻画与捕捉光色在人体上的微妙变化，使之充分表达皮肤细嫩的透亮感，雷诺阿对人体色彩美的挖掘可谓费尽心机，正如他说："我画一个女人的背部，要画到我想抚摸她，才算完成"。《金发女郎》(图162)就是其中的典型作品。雷诺阿在艺术上的勤奋让人敬仰，进入老年后下肢瘫痪，手指活动不灵后，还把画笔绑在手上继续作画，直到生命的最后一刻。

图160 德加《芭蕾预演》

图161 雷诺阿《红磨坊街的舞会》

图162 雷诺阿《金发女郎》

3.3.2 新印象派

新印象派也称点彩派，他们把光与色的物理理论看得高于画家对自然的感觉。对物体空间结构的表现，常通过色彩机械的分解去实现。在色彩的混合上，往往按照科学的光色原理以点彩的方式、几何化的并置平铺在画布上，造成一种模糊的只可远观的色彩效果，比如需要绿色时他们会以色彩的科学原理，把黄色与蓝色以色点的形式不加混合地并列在一起，然后推远看，就造成了绿色的感觉。新印象派画家的行为更像是实验室里的科学家，而少了些艺术家对自然的直观感受和情感。因而人们也以"科学的印象主义"和"浪漫的印象主义"区别新印象派与印象派的艺术追求和创作状态。

新印象派的创始者和最突出的代表是乔治·修拉。在《大碗岛的星期日》（图163）一画中，修拉就用点彩的方式致力于光影与色彩的表现。在阳光和煦的星期天，人们漫步在湖边树林，以悠然的心情享受着清新的空气和明媚的日光，这时美妙的时间一下子被修拉用色彩凝固住了。阳光使人澄明，草地使人神怡。鳞波闪闪的湖光啊，把人带出了世俗的繁杂。画面的色点像是镶嵌上去似的，大面积的树影与人物的造型简洁明了，这些虽然来源于对真实自然的写生，但已出现了一些色彩上的装饰、结构上几何化的抽象端倪。难怪人们认为修拉的艺术是现代抽象派的先驱，遗憾的是修拉却只活了32岁。

3.3.3 后印象派

后印象派是印象派与新印象派之后的一种艺术思潮，也称"印象派之后"。它是艺术走向现代的过渡。后期印象派虽然也遵循外光的描写原则，但远远不满足印象派单纯客观地描写自然，而更主要的是表现自我，展现个性。塞尚、凡高、高更、劳特累克等人在艺术上没有共同目标也没有组织关系，甚至连一次联合的展览也没有办过。但他们却共同反对印象派纯客观的再现，而强调主观个性的表现，他们各自为营地创造着自己的艺术。

一种艺术也许就是一种认识世界的方

THREE

图163 修拉《大碗岛的星期日》

法，保罗·塞尚放弃再现和模仿自然而追求"艺术的真实"，根据自己对自然的主观感觉，在画面上创造第二个自然。就像蜜蜂把自然万物都看成是网状的色序一样，塞尚把自然万物都看作是线、形、色、节奏、空间的构成。这种构成不同于现代派艺术家毕加索、布拉克、蒙德里安等人纯粹意义的抽象构成，而是建立在真实自然的基础上，既有自然形象的再现又有主观意念的表现。因而塞尚被认为是西方美术从再现走向表现的一个分水岭。

《缢死者之屋》（图164）是塞尚自我风格形成的起点，整幅画色彩丰富而明快，笔触短小而成块面状，光影明确而肯定。

虽然还有印象派用色明亮的影响，但画面却更多地追求结构与形、色、笔触的构成，屋顶、道路、山坡、建筑物、树木以及远处的山峦，形成强烈的结构线，显得结实稳固。由大的结构线分割出不同形状的几何色块，或亮或暗、有大有小地分布在不同位置与自然景物的真实相和，形成了被塞尚化了的色块与结构形的新秩序，这也是塞尚眼中自然的秩序。

塞尚对自然的态度是写实的，同时又是写意的。因为他要把自我的感受与情感表现出来，实现"艺术是心灵的作品"这一目的。绘画是造型的艺术，塞尚静静地躲在画室里探索形的本质。他慎重考虑，仔细琢磨线形与各绘画因素的构成关系，追求画面的和谐，而不是自然的真实。他在大自然与人物、静物中发现并挖掘着构成物形的圆球、圆锥、圆柱、蛋形、三角形、直线、斜线、弧线等几何因素，简化、分解、重构着物形的节奏与秩序。后期印象派的画家们多多少少都受过日本浮世绘的影响，塞尚也把东方人的写意意识融入西方的写实体系中，打破焦点透视的习惯，而采用散点透视的办法，不断升高视点或多视点的观察物体，并把不同视点的观察结果画在同一画面上，让人对事物产生全面的认识和更新鲜的三度空间。在《苹果与橘子》(图165)一画中，托盘上的橘子是平视的，而碟子中的水果却又是俯视的。这就造成桌面上的水果像是要滚落下来一样，因为它们没有在一个水平视点上。在这里，追求视觉如真的焦点关系被打破了，代之而来的是寻求视觉和谐的散点透视。这使画面丰富而有意味。在人物画《玩纸牌者》(图166)这幅画中，人物的身体被随意地拉长以符合塞尚画面结构秩序的需要。这一切对于模仿自然的写实主义者简直是不可思议的。

　　一个独立思考的创新艺术家，往往很难被时人理解，就连与塞尚从小玩到大的好朋友自然主义文学家左拉，也不能理解塞尚的艺术。左拉在小说《创作》中就以塞尚为题材，描写了一个放弃外光写生而闭门造车的失败画家，以影射和讽刺塞尚，这极大地伤害了塞尚，他们的友谊也因此而结束。塞尚作画不喜欢被人打扰，讨厌

图164 塞尚《缢死者之屋》

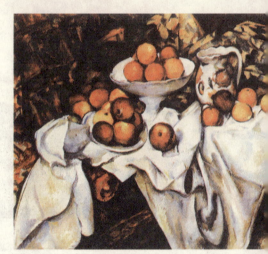

图165 塞尚《苹果与橘子》

图166 塞尚《玩纸牌者》

THREE

图167 凡高《吃土豆的人》

有人在后面观看。于是他干脆离群索居,从巴黎回到家乡埃克斯,深居简出,埋头作画。这个没有上过美术学院的画家,不停步地摸索前进。他的艺术虽然在生前没有得到官方的承认,但却被20世纪的美术家奉为至宝,推崇他为"现代绘画之父"。

和塞尚的冷静相反的是文森特·凡高。这个红头发、红胡子的荷兰人在绘画中激情燃烧。他像疯子一样疯狂地作画,不允许自己的画面上有丝毫的平静与安稳。从而创造了激荡、狂放、热烈得像火一样的艺术,这也许是由于他不平凡的一生造就的。

凡高家境贫困,16岁后到海牙古皮尔美术公司的画廊任职,后又到伦敦的分公司工作,不久他向房东的女儿求婚,遭到拒绝。失恋的打击使他消极忧郁,再加上对画界的不满使他与画廊的工作格格不入,最后不得不离开伦敦而去巴黎工作,但还是无法摆脱失恋的阴影和改变自己偏激的性格,最终被解雇。无奈而失望的他回到家乡,此时已23岁。为了寻求人生的意义和实现生命的价值,在其父亲(基督教牧师)的影响下,他投身教会。经过学习,两年后,凡高以传教士的身份到比利时南部博里纳日的矿区传教,想给贫苦的工人带去福音。在那里他对工人们寄予无限同情,常把自己的工资和衣物拿去救助贫苦和患病的人。不料他的好心却引起教会主持人的不满,他不得不停止传教。凡高崇高的理想和半年来独立挣工资的生活全部化为泡影,他一蹶不振。直到有一天他拿起铅笔在纸上画了几笔远处的人影后,就一发而不可收。他在绘画中看到了生命的价值,只有绘画才是世界上最崇高的事业。火山式的激情被点燃了,从这一天起,26岁的凡高将他全部生命都融到绘画中直到死亡。他仅仅用了十年的时间就将自己的生命推向了辉煌。

在这十年里,凡高过着贫困拮据、颠沛流离的生活,失恋了三次,经历着人生的种种不幸,但支撑他活下去的理由,一个是对绘画宗教般的信仰,第二个就是他弟弟泰奥对他经济上的支持。如果还有的话那就是他对世间一切的爱。在最初的五年里,他师从他的堂兄荷兰著名画家毛尔学习素描和色彩的基本方法。《吃土豆的人》(图167)是这五年学习的结晶,画中人物形象憨厚朴实，充分地反映出深受繁重劳动折磨的农民艰苦生活的情景。这时的他继承了优秀的伦勃朗式的光影和色调传统，带有强烈的现实主义特征，如实地表达他对劳动人民的同情。

接下来的两年多，凡高来到了世界艺术之都——巴黎。结识了印象派、新印象派、后印象派的画家毕沙罗、修拉、高更、劳特累克等人。在这些画家的影响下，凡高的注意力开始转向色彩与外光。他的调色板亮了起来，画面的色彩也开始颤动。随着色彩的明亮他的创作热情也空前高涨，他以狂热的激情和异乎寻常的目光看待一切。在他眼里大地好像一团正在燃烧的火球，每件事物都在烈火中跳动。他的作品都是在一种过分激动的情绪中完成的，他正在燃烧自己。在巴黎的日子里他的作品中总有别人的影子，一会儿像修拉、一会儿像高更。一接触谁就带上了谁的影子，但有一点永远是他自己的，那就是如火的激情和疯狂的笔触。

凡高是属于太阳的，他听从劳特累克的建议来到了充满阳光的法国南部城镇阿尔。那里落日熔金，太阳灿烂辉煌，凡高赞美太阳，迷恋阳光。在阿尔的两年时间里，也是他生命的最后两年里，他不知疲倦地画金黄的麦田、火红的阳光、向日葵、庭院、乡道和夜景，创作了数以百计的作品，在这里他将自己绘画事业推向了最高峰。凡高的绘画取材十分广泛，除了风景、人物、花卉、静物外，他还有几个特别热衷的题材——丝柏、向日葵、咖啡屋和麦田。金黄的麦田里时常伫立一棵孤独的丝柏，构成了凡高式的风景。《麦田上的丝柏》(图168)、《金黄色的庄稼和柏树》这样的作品，笔触急速蜿蜒，产生强烈的运动感，他笔下的柏树像正在燃烧的火焰，弧形旋转的笔势和激动人心的色调使画面紧张动荡，就连空气也使人感觉到热浪翻滚，骄阳如蒸。凡高强调主观感受和个性表现，赋予对象生命和性格，精简了复杂的细节，突出了激动的线条和炽热的火焰般的色彩，他使绘画走向了表现。

向日葵是凡高的崇拜物，他不倦地画向日葵，那是因为在凡高眼里，向日葵不是寻常的花朵，而是光和热的象征，是太阳之花，也是他内心烈火般情感的写照和自身苦难生命的缩影。《花瓶中的十四朵向日葵》(图169)是凡高的力作。他开始越来越喜欢用纯色作画，尤其是狂热地迷恋用纯粹的黄色。这幅画就是在以黄色为主调的基础上加了点青色与绿色。在明亮轻快的黄绿色中，他以有力的笔触礼赞生命。接近平涂式的色彩和浓重的线条，使画面带有一种类似日本版画般的装饰效果。凡高正是以这些金黄色的向日葵装点在他的黄色小屋中，迎接高更的到来。

高更给孤独寂寞的凡高带来了友谊和高度的创作热情，同时也带来了学术上的争吵。凡高的偏执性格就像一个火药桶一点即燃。水火不容的个性使他们常常为一笔颜色而争执不休，由于工作的

图168 凡高《麦田上的丝柏》

图169 凡高《花瓶中的十四朵向日葵》

THREE

过度紧张和身心疲乏,他们常在晚上光顾咖啡馆,用酒或咖啡来提神解乏以排解压力。咖啡馆的灯火和室内陈设的光色也极大地激发了凡高的作画热情。《夜间室内咖啡座》大胆地用红色和绿色两个极端对比的色彩来表现人的恋情。在奇怪的灯光与色调中情侣与孤独侠客各自沉迷。燃烧一夜的灯光让人眩晕,木地板的透视线将人的意识带入深渊,色彩、器物、花卉、酒瓶中都蕴含着凡高激动不止的内心世界。他写信给他的弟弟泰奥说:"所谓的咖啡座就是让人沉沦、发狂和犯罪的场所。"

凡高的忧郁情绪和犯罪意识此起彼伏,随着他和高更冲突的加剧,终于在咖啡馆的一次争执中,凡高将一个玻璃杯掷向了高更。第二天中午,高更在广场上行走,突然听见背后有一阵急促的脚步声,他感觉到是凡高,便猛然回头,看见凡高手提剃须刀正向自己冲来。他瞪着凡高的目光,似乎唤醒了凡高的意识。剃须刀郎当落地,流血没有发生。但是当晚高更再也不敢回到凡高的住处而在外过夜。可怜的凡高已经意识到高更即将离去,自己又将失去朋友而陷入孤独与无奈中,恍惚中割下自己的一只耳朵,洗干净用纸包好,作为礼物送给了他认识的一位年轻妓女。从此他就被送进了精神病医院,被人看作疯子或精神病患者。

在住院的最初期间,医生不允许凡高作画,因为他一拿起画笔就激动不已,这太容易让他疯狂。但是他情绪稍好一点后就开始作画,在一年多的治疗期间凡高依然不停地作画。《星月夜》(图170)是一幅充满魅力而又神秘莫测的作品。康德说:"世间最美的事物一个是我们头顶的星空,另一个就是我们的心灵。"凡高正是用他的心灵表现了我们头顶上这片神秘而美丽的星空。原本宁静的夜空在凡高笔下开始旋转闪烁而富有动感,充满生命活力的星月夜就是凡高的心灵,在这里他可以和上帝对话。近处的丝柏像一座高耸入云的哥特式教堂,月亮就是上帝耶稣,繁星就是他的门徒与天使。这幅画是凡高画中少有的冷色调,用了清澈的蓝色和神秘的紫色。他用画笔寻找着灵魂的归宿,苍茫大地上无限浩瀚的星空月夜,给他精神上带来了暂时的宁静。

然而,不祥的预兆很快袭来,从他弟弟那儿回来后,他又坠入忧伤的心绪中:他一生献出的爱与热情处处落空;他一生勤奋描绘的两千幅作品,却只卖出了一幅,他至今不能养活自己,而一向支持他的弟弟此时已结婚生子,经济拮据,他不想再给弟弟增加麻烦。他在绝望失意的情绪中一口气画了好几幅悲剧性的作品。《麦田上的乌鸦》是他生命中的最后一幅作品。动荡无垠的麦田,像要烧起来似的,天空激烈的摇晃着,使人心绪烦乱,黄色上那片强烈的黑色,给人一种不祥的预感。果然在这片麦田里凡高向自己开了一枪,但子弹没有打中心脏。回家后他口中依然叼着一直伴随他的那只烟斗,直到第二天晚上这个痛苦的灵魂才得以解脱。他临终的遗言是:"痛苦便是人生。"半年后他的弟弟泰奥也随他而去。

凡高37年的生命充满痛苦与贫穷,生前一文不名,然而在今天他却是家喻户晓的大师。

后印象派画家以个性表现见长,每一位画家都有着不同寻常的人生经历。保罗·高更原本是个收入颇高的股票交易所职员,只在星期天和空闲时间业余作画,并有一个幸福的家庭。但是他迷上了绘画后就不能自拔,最终放弃工作,抛弃妻儿,投身艺术。随后高更越来越厌恶繁华现代的都市生活而愿意去寻找质朴原始的理想王国。他离开巴黎定居到夏威夷群岛东南一千多公里的法国领地塔希提岛,在那里他创造最具古老、质朴、原始意味的艺术,沉湎在那种与世隔绝、桃花源式的原始生活中。

艺术对于后印象派画家已不是身外之

图170 凡高《星月夜》

图171 高更《我们从哪里来？我们是谁？我们往哪里去？》

物，而是他们的思想，是他们的生活方式。他们也为艺术而活着。高更和凡高、劳特累克等后印象派画家一样，受印象派和日本浮世绘的影响，创造出迥然不同的艺术。他摆脱了古典主义的影响，坚决不用西方传统的光影效果，而用浓重粗放的黑线和主观化的色彩平涂方式，创造出一种装饰性很强的艺术形式。他用这种带有东方味的艺术语言歌颂原始的野性，尽情抒写回归自然的理想情怀，同时也在艺术中深刻地思考着人生。

贫穷、落魄、疾病缠身、颠沛流离、厄运连连，使高更对人生产生疑问。《我们从哪里来？我们是谁？我们往哪里去？》（图171）这是一幅替人类发出疑问和充满哲学思考的画作。画中的树木、果实、花草、人物都象征着时间的飞逝和人类生命的消失。从右到左，代表着人生的过去、现在和未来的三部曲——诞生、生活、死亡。我们从哪里来？表现生命的幼年和青年，单纯、无知，默默沉思她们的命运。我们是谁？表现人们在日常生活中干活、吃饭、养活自己，却不知道生活的意义到底是什么，人们渴望知识，亚当正在摘取智慧之果。我们到哪里去？一个举起双手的佛像，好像在宣扬来世，垂死的老妇人正准备接受命运的安排。这一切反映出高更对人生的焦虑不安和疑惑不解。"我们从哪里来？我们是谁？我们往哪里去？"是人类的根本问题。高更第一次通过绘画让每一个人都陷入了沉思。

劳特累克出身于贵族，父亲是一个伯爵，生活非常富裕。14岁时他从马背摔下来，断了双腿，以至于终身残废，双腿完全停止生长，成了一个身材矮小的侏儒。强烈的屈辱感和自卑情绪，使他的性格变得孤僻。善良的母亲鼓励他学习绘画，从小喜欢美术的劳特累克从此后就在绘画中建立自信，寻求充实的艺术生活。和高更寻求原始理想生活截然不同的是，劳特累克将目光锁定在世界之都最灯红酒绿的娱乐场所。巴黎最流行、最红火的夜总会——红磨坊为他设有专座。他一边饮酒一边作画，成为舞厅、酒吧、剧场、妓院、夜总会、赛马场等各类游艺场所的座上宾。他用简练的线条和明快的色调，如实地描绘那里的绅士、演员、诗人、歌手和强颜欢笑的妓女。在刺激心魂的苦艾酒和令人痴狂的康康舞节奏中，劳特累克迅速而轻快地挥动着手中的铅笔，记录着红磨坊的辉煌和社会下层人物的辛酸。他用过人的洞察力，挖掘人物的心理世界。牢牢抓住了从演员、舞女脸上一闪而过的疲乏和厌倦，对长期夜生活下目光呆滞、脚步沉重、神情暗淡的她们给予深深的同情。他不但在绘画中表现她们，而且还在生活中

图172 劳特累克《磨坊街的沙龙》

帮助她们。

　　作为伯爵的父亲对劳特累克的绘画一直不理解,也瞧不起。认为卢浮宫里的端庄优美,才是他学习的榜样。觉得儿子描画妓女与下层人物有辱声名,但是贴满街巷的那些出自劳特累克之手,应舞厅剧院之邀所作的海报、版画却证明了劳特累克的辉煌,他成了招贴画的鼻祖。遗憾的是酒精最后夺走了这个37岁的生命。所不同的是,劳特累克是唯一在生前,作品就被放入卢浮宫的画家,这使他的父亲刮目相看,也使整个美术界为之惊叹(图172)。

3.4　20世纪现代派油画

　　如果说后印象派是艺术个性多元化的开始,那么20世纪绘画就是艺术风格多元化的高峰。传统的古典主义、浪漫主义、现实主义与反传统的现代派、后现代派的各种风格,同时并存,异彩纷呈,令人目不暇接而又匪夷所思。随着社会矛盾的尖锐化,国际上弱肉强食,战火四起。两次世界大战与疯狂的殖民扩张,致使世界上到处充斥着饥饿与死亡,压迫与剥削。劳动人民水深火热,知识分子彷徨不安。每个人都在扭曲的现实中煎熬挣扎,残酷的现实让人们感到生活渺茫,强烈的失落感笼罩在每个人的心头。艺术家不满现实又无法摆脱困境,于是躲逃到唯心主义哲学中,寻求个性和内心的自由。在康德、叔本华、弗洛伊德、柏格森、海德格尔等哲学观念的影响下,他们否定艺术是主客观统一的产物,排斥反映现实生活,而强调自我灵感的表现。艺术完全成了他们内在心灵的一种外化,每个有思想的人似乎都可以成为艺术家,艺术风格的离奇怪诞也超乎人们的想象。

　　后印象派画家塞尚、高更、凡高等把美术从重视客观描绘的再现,转变为强调内心世界的表现;象征主义画家蒙克、席勒、克里姆特等人更是排除纯写实的观念,而借象征、寓意的手法在绘画中随意夸张、变形,发挥他们的主观作用;新兴的装潢设计与工艺美术也毫无疑问地否定传统写实的造型方法,无视艺术的思想内容,完全追求以线条、色彩、构成为主的装饰形式;这三者促成了现代派艺术的快速形成。

　　野兽派、立体派、表现主义、抽象构成主义、超现实主义、未来主义等门派林立、更迭迅速,马蒂斯、佛拉芒克、鲁奥、毕加索、蒙德里安、克利、达利、康定斯基、莫迪里亚尼、莫兰迪、克罗等大师粉墨登场、各领风骚。他们追求东方艺术简朴、概括和装饰性的风格,强调线条的作用,在色彩上爱用纯色的强烈对比(如中国的民间艺术),注重内在感情的表现,把形式的创新作为绘画的首要任务。他们共同创造了充满新奇、荒诞、如梦如幻的现代派艺术。

3.4.1 马蒂斯与野兽派

以亨利·马蒂斯为首的包括德兰、弗拉芒克、马尔凯、鲁奥等一批年青艺术家,于1905年在秋季沙龙上展出了他们充满热情、粗犷、奔放的作品。其中马尔凯的一件雕塑作品显得拘谨细腻,风格犹如文艺复兴时蒙那太罗的作品。批评家路易·沃塞尔就说:"蒙那太罗让野兽包围了",野兽派因此而得名。年龄最大、智慧过人的马蒂斯自然成了他们的领袖,三年后,野兽派被立体派所替代。

马蒂斯早期对绘画并不关心,他学习法律,在家乡的法律事务所任书记员,一个偶然的机会使他从此拿起画笔而名震天下。21岁那年他患阑尾炎而住院,住院期间,经常观看一位病友用油彩临摹画片上的风景,母亲见他有兴趣便也买了一盒颜料,让他来打发无聊的时间,马蒂斯在临摹中感到画画比做任何一件事都"自由、安静",他就这样一不小心迷上了绘画,两年后他放弃法律改学绘画。

他的老师莫罗告诉他:"在艺术上,你的方法愈简单你的感觉越明显",这句格言成了马蒂斯的座右铭,莫罗还告诉他如何欣赏塞尚的作品,这使他对塞尚的"艺术不是直接描绘,而是我心灵的作品"这一新颖、独到的见解极为崇拜。他开始学习如何表现心灵和简化语言。野兽派展览之后马蒂斯又探索其他方向,在凡高身上他看到强烈、自由、奔放的纯色价值,在高更画上他又发现用线条造型和平涂色彩的力量。他还研究立体主义,知道如何简化绘画结构和控制过分装饰的倾向。他全面地探索着线、形、色彩的和谐,寻找着属于自己的风格,最终创造了一种轻松、和谐、纯粹而又宁静的艺术。

《舞蹈》(图173)与《音乐》(图174)这两幅画是马蒂斯风格极为成熟的代表作,一打开画面,就使人感到一种少有的轻松和愉快,《舞蹈》中五个女人体携手绕圈起舞,没有具体的情节,色彩也极为单纯,土红色的人体在绿色的大地上连翩起舞,纯粹的蓝色构成天空和背景。画面没有令人烦恼和沮丧的内容,完全是一种轻松欢快的舞蹈场面,马蒂斯为了留下这种轻松、欢快的感觉,把一切都简化省略,只留下连绵运动的舞蹈动作,这是一种生命的节奏,沉浸在这幅画中,心灵就会随之起舞。

《舞蹈》是通过五个连绵起舞的女人体表现人的欢快,《音乐》则是通过五个各自独立的男人体表现一种宁静。一个是动态,一个是静态,强烈的反衬恰如其分地表现出各自不同的意境。《音乐》这幅画两个男子演奏,三个男子静静地倾听,十分富有诗意。互不相连、互不遮挡的五个人

图 173 马蒂斯《舞蹈》

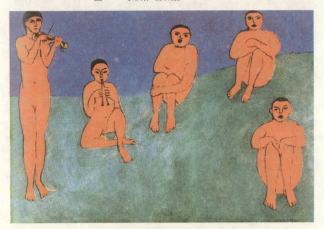

图 174 马蒂斯《音乐》

图 175 马蒂斯《粉红色裸妇》

的狭窄距离，使简单的构图显得充实而不单调。五个人毫不重复的动作统一沉浸在浪漫抒情的音乐中。未穿衣服的裸体，使人更接近自然，更心灵化。然而收藏家史楚金却觉得把裸体画挂在家里会给子女造成不安的感觉，要求修改吹笛的少年，结果被马蒂斯回绝了。这幅《音乐》最终还是挂在了史楚金家的墙面上，只是吹笛少年的关键部位被涂上了油墨。

马蒂斯绘画的最大特点是画面简洁、清晰，省略不需要的部分，以单纯的线条和色彩来构成。《粉红色裸妇》(图175)就是一幅极具单纯化、平面化表现形式的世界名作。人物被夸张地变形，庞大的身体好像要从四周挤出来似的，马蒂斯并不是追求人体的真实立体，而是借人体追求画面线条与色块的和谐。一位读者在翻阅马蒂斯女人体的画册时，不无牢骚地说："这些画人不像人，鬼不像鬼的简直是个怪物！"马蒂斯自己也说："假如我遇到这样的女人我会吓得飞奔而逃的。"可是，"我不是创造一个女人，我是画一幅画。"马蒂斯之后，绘画越来越接近音乐式的抽象。野兽派就这样像一颗重磅炸弹，它摧毁了一切传统而保守的观念，为20世纪新艺术提供了各种可能。

3.4.2 毕加索与立体派

正当马蒂斯等人声名鹊起，红极一时时，毕加索和布拉克等立体派画家已经用

游离式地散落在一个平面的空间里，很像中国的写意画。一点也不集中，一点也不紧凑的懒散构图，更好地表现了平和、宁静、安逸的意境。简化又简化的造型语言，比具体的写实显得更为有效。人物与两边

自己的方式，对绘画的空间组织进行了大约五年的试验。和马蒂斯谦虚、儒雅、淡泊不同的是，帕布洛·毕加索在绘画上充满野心。他从小跟从父亲学画，14岁就能将卢浮宫的作品临摹到乱真的地步。1900年19岁的毕加索从西班牙来到巴黎，住在蒙马特区，开始他绘画上的蓝色时期。在这里他目击了贫困、绝望与孤寂的人们，他用自己爱好的蓝色为主调去表现他们，画面上常常充满忧郁和悲哀的气氛。

然而恋爱使毕加索摆脱痛苦而走出悲哀。1905年，一个细雨霏霏的下午，他居住的"洗衣船"门口跑来一位避雨的少女，其实毕加索早就注意她了，因为她常来楼下提水，毕加索邀请她参观画室，这位名叫费尔南德·奥莉维的少女一进去就没出来，她成了毕加索的女朋友。费尔南德·奥莉维的出现使毕加索的调色板逐渐由冷酷的蓝色调转到温柔的粉红色调，24岁的毕加索进入了绘画上的"粉红时期"。从此后毕加索的画风常常因结识新的女性而转变。

"粉红时期"的风格进行了一年就结束了，因为他结识了马蒂斯，马蒂斯的才华令毕加索大为震惊，使他十分嫉妒又满怀敬仰。当时马蒂斯37岁，自野兽派运动之后，知名度很高，神气十足，一派艺术大师的风度。而毕加索只有25岁与马蒂斯相比要逊色得多，他发奋要创造出一举成名的画作。毕加索从马蒂斯那里发现了黑人雕刻，并吸收其艺术精华，开始酝酿《亚威农少女》（图176）。

图176 毕加索《亚威农少女》

在《亚威农少女》一画中，毕加索彻底抛弃了传统裸体画的优美格调，换以狂野的形象，发出让"风雅灭绝"的呼声。在没有什么深度的空间中挤满了五位姑娘，她们的形体仿佛是用各种几何碎块拼成的，毫无优美动人的曲线。右边两人的面孔丑怪，像来自非洲的奇特面具，可以看出这幅画来自对塞尚的研究和非洲木雕的启发。在这里古典的遗训荡然无存，但毕加索并不是任意乱画，他找到了一种内在的和谐，创造了一种精巧的结构方式，也传达出了20世纪骚动不安的情绪。

毕加索画这幅画完全是要引起人们的注意，他太想让人们注意他了，他强化变形的目的也是为了增加画面吸引力。毕加索说："我把鼻子画歪了，归根到底，我是想迫使人们去注意鼻子。"毕加索实现了让人们震惊的目的，《亚威农少女》对艺术界冲击非常大，展出时蒙马特区的前卫艺术家都以为他发疯了，有人困惑不解，有人怒不可遏。就连他的朋友们都有点受不了，但他们知道一种新的艺术形象已经诞生了，这就是立体派。《亚威农少女》是毕加索一生的转折点，也是艺术史上的巨大突破。人们称它为现代艺术发展的里程碑。

在毕加索以后的人生中，他陆续与伊娃·果尔、奥尔珈·柯克洛娃、德烈丝、多拉·玛尔、弗兰索娃、佳克林·洛克六位女子或结婚、或同居、或恋爱，他的艺术风格也因这些女人而多样化发展。《红椅子》(图177)与《梦》(图178)就是毕加索遇到德烈丝后的新风格，正当毕加索的情绪处在激动、不安、愤怒、消沉中时，这位有着美丽脸庞和高高胸脯的德烈丝走进他的生活，年轻的女人一下子驱散了他心中的阴云，52岁的毕加索忽然变得精力充沛，接下来就是绘画风格大变，创作热情高涨。他从立体主义的分析中走出来，开始使用浓重粗黑的曲线和华丽的色彩平涂。

《红椅子》就是以德烈丝为模特儿创作的一幅杰作。人物的面部由侧面和正面共同组成，产生了奇幻的效果。人物曲线随着椅子的曲线流动，形成一种线与形的和谐。椅子的条纹、皮带和背景中的直线，把人物的曲线映衬得更有动感。金黄、大红、深褐、灰绿与明丽的紫罗兰构成浪漫而梦幻的气氛。不确定的造型、流动的曲线使人一会感觉是侧面，一会又感觉是正面，静止的画面就这样在视觉中动了起来，人们被带入一个真实、神秘而又变幻的情绪中。《梦》也是这样一幅充满梦幻意识的作品。柔和的曲线和华丽的色彩使入梦的少女格外动人。

毕加索的作品数以万计，在他93个有生之年，平均每天就要创作两三幅作品，题材与其从事的艺术门类多得超乎人们的想象，油画、壁画、速写、雕塑、陶瓷样样都是他的拿手好戏。在艺术风格上，他探索的足迹涉及各个流派，他开创的每一个美术样式都足以让后人探索一生。毕加索在同代艺术家中有种磁力般的吸引力，一个年仅20岁的画家在展览会上看到毕加索的作品，立即就被迷住，马上决心舍弃正学习的传统谋生手段，立志要当一名像毕加索一样的艺术家。当然毕加索的作品也常令人费解，甚至难以接受。但他确实是20世纪艺术最典型的代表和集大成者，成了谈现代艺术无法避开的大师。也许我们从毕加索对一头牛所作的十二次写生中，就能看到他到底干了些什么？看一头写实的牛如何被抽象简化成几根神奇的线(图179，图180)。

3.4.3 蒙德里安与新造型主义

一提到蒙德里安，人们的脑海中就掠过红黄蓝构成的方格子，然而就是这些由黑色的水平线和垂直线构成的不同矩形的格子，影响了包豪斯学院，影响了现代设计，也影响了建筑的发展。美国人甚至认为蒙德里安的影响超过了马蒂斯和毕加索。蒙德里安的几何抽象相对于俄罗斯康定斯基的抒情抽象而被称为冷抽象。这个出生于荷兰的画家并不是一开始就能把画

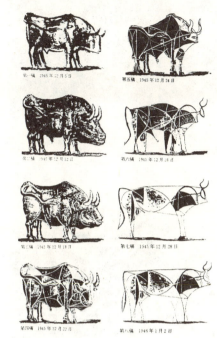

图179 毕加索《牛》1

图177 毕加索《红椅子》

图178 毕加索《梦》

图180 毕加索《牛》2

THREE

图 181 蒙德里安《红树》

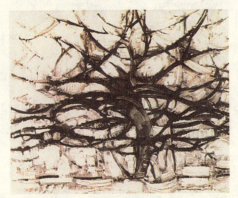

图 182 蒙德里安《灰色的树》

图 183 蒙德里安《红、黄、蓝构图》

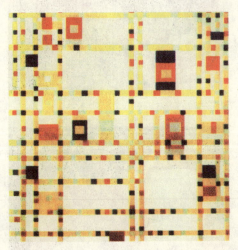

图 184 蒙德里安《百老汇·布吉伍吉》

画到这个地步,他也像毕加索画牛一样经过了从具象到抽象的过程,这一点比较他不同时期画的三棵树就一目了然。

《红树》(图181)是1909年他在荷兰时期的作品,树枝布满画面,彼此呼应而有韵律感,线条富有力度和动态,树木充满生机。周围点缀土黄及红色的斑点,再以地平线显示空间距离。这幅画是他探索新风格的开始,虽然采用凡高式猛烈曲折的线条和野兽派写实性的色彩,但画面总体上还是有具体的形象。

1911年,年近四十的蒙德里安来到巴黎,正赶上立体主义的狂潮,这时他也正直觉地进行物形的简化。《灰色的树》(图182)是向纯粹抽象造型的过渡。色彩以银灰色为主,树皮的韵律已经脱离具象性,线条不再是同一方向,而呈对应的X形,他显然借用分析立体主义对物体样式化、符号化的处理,通过树形寻找画面的秩序。

尽管如此，这幅画仍然给人有树形的概念，作于第二年的一幅《开花的苹果树》就把抽象语言大大地向前推进了一步。画面只见到横向和纵向行走的短弧线和色彩，完全见不到树的形状，如果不是题目的说明，谁也不能肯定它是一棵树。在这里，蒙德里安只按照树木的结构与树枝的旋律，用抽象的线条表达树的抑扬动态，完全脱离具象而达到了抽象的意境，简洁安定。

在接下来的探索中，蒙德里安的画更趋简洁、明净。画面斜线和弧线渐渐消失，只剩下水平与垂直这两根令人迷惑而又控制一切的线条。《线与色彩的构图》简直就像马赛克一样拼满了整个画面，曲线少得屈指可数，大小不同的矩形，极富几何学的秩序感。蒙德里安不表现任何形象和情感，只追求纯粹意义上的视觉效果。像加、减符号一样十字交叉的短直线，与蓝色、黄色、淡灰色的微妙变化，共同营造出透明、清彻、宁静的视觉感受。这时蒙德里安已经进入完全抽象的境界。

在巴黎他又发表了他的"新造型主义"理论：艺术应该在两种对立之间保持平衡。组成事物的结构不同于物体本身，而是它们之间的关系。它们的构成关系，就是用抽象的垂直线和水平线来组成简略的几何形体。例如，月亮之夜的景色，只需用横线表示地平线，又如小屋旁有一棵树，用横线表示小屋，用垂直线表示树，在路上行走的人用横线表示路，用垂直线表示人，如此等等。蒙德里安的理论是，在结构上一切构造的基础都在于水平与垂直的骨架；在色彩上，所有色彩的根源都在于红、黄、蓝三原色。他摒弃一切对称，排除所有能使人联想到情绪或自然界的要素。说到底，就是不使用具有再现要素的形象，专门用正方形和矩形及红、黄、蓝、黑、白、灰制作纯粹造型意义的绘画。《红、黄、蓝构图》（图183）、《两条线的构图》、《蓝色的构图》都是一系列没有具体形象和内涵，只用十字交叉的线条和红、黄、蓝三种色块作的纯粹造型意义的抽象构成作品，蒙德里安在里面寻求一种平衡的秩序，寄托宁静的诗情。

60多岁后蒙德里安为避战乱来到美国，纽约的喧闹给如同隐居者的内心带来丰富的变化，几何抽象的黑色线消失了，大块的长方形打散了，画面被一种白底上纵横交织的彩色链条结构替代。以前那种严肃宁静的结构，变得轻松、灵活。在新的平衡中显示出如释重负的活力。《百老汇·布吉伍吉》（图184）就以这种新的构成方式，概括了美国都市百老汇的繁华节奏。布吉伍吉是爵士乐的一种，它以低音连奏的节拍，最先在美国西部黑人中流行，逐步成为美国当时的热门音乐。蒙德里安把自己融入美国生活中，他试图把握美国都市生活的旋律与节奏。这幅作品画出了爵士音乐的强烈切分音的节奏，表现了繁华都市不安宁、不平静的气氛和情绪。在三原色之外只加灰色，这些色彩交替配置，在视觉上产生动感，象征着百老汇的霓虹闪烁、汽车噪声、杂沓热闹的景象。蒙德里安在美国取得了比欧洲更大的荣誉和影响。

3.4.4 达利与超现实主义

一战以后，二战前夕，巴黎艺坛在达达主义运动的基础上涌现出一股强大的超现实主义文艺思潮。他们宣称人们生活在两个世界，一个是现实的世界，一个是无意识的世界。在柏格森的直觉主义哲学和弗洛伊德的精神分析学的影响下，他们认为人们在现实世界中受到国家法律、社会道德、宗教风习和理性的约束。只有在无意识的世界才是最自由、最真实的，所以他们在艺术中强调对梦想及幻觉世界的表现。1924年布列东发表《超现实主义宣言》："超现实主义，是纯粹的精神的无意识活动……它不受理性的任何控制，又没有任何美学或道德成见时的思想的自由活动。"他们相信梦幻无所不能，这种超现实主义思潮遍及艺术的各个门类，但是文学、诗歌、戏剧、电影中的超现实主义在20世纪30年代末即告衰退，美术却延至20世纪五、六十年代，并由法国扩展到德国、瑞士、西班牙、比利时、意大利、英国、美国甚至波及到日本、前苏联和东欧各国，这大概还与超现实主义绘画的后期代表人物达利的存在有关。

萨尔瓦多·达利，西班牙人，从小就显示出他的美术才华，10岁时就创作了一幅题名为《生病的孩子》的自画像，12岁就敢说："我是印象派画家。"14岁就在家乡小镇举办首次个人画展。1921年，17岁的达利考入首都马德里美术学院。除了学院的学习外他对立体派等多类现代派艺术十分感兴趣，并热衷于弗洛伊德的精神分析学说，不久他就成为同学们敬重的前卫画家。随后达利愈来愈浪漫化，常身着奇装异服，又煽动学生运动，还对美院考试拒绝选题问提上态度傲慢，最终被校方开除。但这并没有阻碍达利绘画的发展，他进入巴黎结识了他最崇拜的人物毕加索等人，开始了他超现实主义绘画的创作高峰。

达利的个性中含有强烈的妄想症，妄想症是一种慢性精神病，又称偏执狂，特征是病人有一连串幻觉或无幻觉的自大与受迫害妄想。在绘画中常出现无数迫害狂的象征，特别是锋利的器械，残缺的肢体和性的迷恋与变态。他的画让人感到荒诞、恐怖、迷幻而匪夷所思。达利在表现这种潜意识下的梦幻世界时用的却是极为细腻写实的手法。

《欲望之谜·母亲、母亲、母亲》(图185)一画中，巨大的物体由许多蜂窝似的洞或孔组成，也犹如海边风化后的岩石构造，在许多洞凹处写了三十多个"我的母亲"，还有一大堆蚂蚁在上面乱爬，蚂蚁在达利的画中带有性的暗示。背景中童年的达利拥抱着父亲，旁边有一条鱼，一只蝗虫，一把匕首，一头狮子，反映出他童年时期恋母妒父的心理体验。

达利在自己的雕塑中，用玉米、瓷器和硬纸板等材料制作了《追忆往事的少女胸像》(图186)。女子头饰是一个大面包，面包之上是两个墨水瓶，中间站立的是米

图 185 达利《欲望之谜·母亲、母亲、母亲》

勒的名画《晚钟》中的两个人物。这一切被看作是少女性压抑的标志。玉米既像发辫又像是装饰物。少女脸上也爬有一些带有性暗示的蚂蚁，它们集中于额头一侧，也许这象征她的回想内容。对于充满性感的乳房，达利说："它本来是实用性的，是作为滋养和神圣物质的象征，在此我将它变为非实用性的美的象征。"

西班牙内战毕加索以极其悲愤的心情创作了大型壁画《格尔尼卡》，但早在内战前六个月达利就创作了《内乱的预感》。这幅画如同恶梦，充满血腥味，湛蓝的天空布满乌云，茫茫大地上残破的肢体伸向空中，痛苦的面孔似乎在挣扎、嚎叫，山河破碎，惨不忍睹的恐惧使人不寒而栗。达利自己说："内乱的预感老是缠绕着，激发我的创造欲望。在撒满熟扁豆的地上，竖起一具很大的人体，其人体是手、脚、膀、腕的相互交错。在战争爆发六个月前就给它起名为《内乱的预感》(图187)，这完全是达利的预言。"达利对这幅画起到了预言性的作用，感到很得意。实际上达利只是把西班牙内乱看成是性的"内乱"，他不像毕加索的作品那样对战争是宣传性的抵抗、呐喊，达利只是个旁观者。无论怎样达利的画给人带来了强大的刺激和震撼，在这里传统意义上的美已消失殆尽。

1939年达利被超现实主义开除出去，理由是拜金主义，发表佛朗哥的言论等。达利在观众心目中仍然是一个超现实主义者。1940年他定居美国，又在美国引起轰

图 186 达利《追忆往事的少女胸像》

图 187 达利《内乱的预感》

动，1982年比他大九岁的妻子加拉以87岁的高龄撒手人寰，达利一蹶不振，从此拒见故友，不思进食，在苦思亡妻中又度过了七年，1989年1月，84岁的达利于故国巴塞罗那离开了这个现实世界，彻底进入了梦境。

THREE

艺术赏析
Appreciation of Art　Calligraphy and Seal Cutting
书法篆刻

4 书法篆刻

4.1 字体演变与书法之美

4.1.1 字体演变

关于汉字的诞生，在我国一直流传着三种说法。

（1）伏羲画卦说。《周易·系辞》说："古者庖牺氏（伏羲）之王天下也，仰则观象于天，俯则观法于地，观鸟兽之文与地之宜，近取诸身，远取诸物，于是乎始作八卦。"八卦是伏羲从天地万物中提炼概括出八种基本符号，以象征天、地、山、泽、水、火、雷、风，并用它来记数、占卜、推演天地规律，富有神秘的气息。这些符号虽然与我们今天使用的汉字相去甚远，但却成为远古文字由来的一种说法。

（2）神农结绳说。《庄子·胠箧篇》云："子独不知至德之世乎。昔者，容成氏、大庭氏、伯皇氏、中央氏、栗陆氏、骊畜氏、轩辕氏、赫胥氏、尊卢氏、祝融氏、伏牺（伏羲）氏、神农氏，当是时也，民结绳而用之。"记述了远古先民"实物（结绳）记事"的传说。这种"结绳记事"的办法是把各种不同的事情，用不同颜色的线与不同大小的结来表明。由绳到线，是一个漫长而自然的过渡，"实物记事"终会被以线条为特征的书契所代替。《周易·系辞》说："上古结绳而治，后世圣人易致以书契，百官以治，万民以察。"这又为汉字的诞生提供了另一种说法。

（3）仓颉造字说。《说文解字·序》说："皇帝之史仓颉见鸟兽蹄迒之迹，知分理之可相别异也，初造书契。"这就把汉字的诞生归结到一个具体的人物身上。

当然这些都是古老的传说，实际上文字的出现是人类社会发展的必然产物，也是集体智慧的结晶。无论是"结绳记事"还是"图画记事"，文字符号的诞生都将标志着人类进入了一个文明时代。我国汉字作为世界上最古老的文字之一，在其发展的过程中逐步形成了一套庞大而完整的体系，以象形、指事、会意、形声、转注、假借为主，记事述物、传承文明，集物象特征于外，蕴人类情感于内，成为中华文明的重要载体而有着深远的意义。

文字的产生是出于实用目的的，在长期的社会运用中经过人文精神的淘炼又逐渐成为一门具有独立审美意义的文字书写艺术——书法。汉字在实用与书写的历史过程中以诸多面貌出现，形成了不同的字体。即使在同一种字体中也由于书写者气质的不同，而形成不同的书体。我们常说的真、草、隶、篆，是汉字的四种基本字体，而"颜体"、"柳体"、"欧体"、"赵体"，则指的是在楷书这一书体中因颜真卿、柳公权、欧阳询、赵孟頫各自书写的面貌不同，而形成的不同书体。在字体中，除真、草、隶、篆外，还有诸如：金文、大篆、章草、今草、狂草、行书等其他品类繁多的样式，而每一种字体样式都代表着一次重

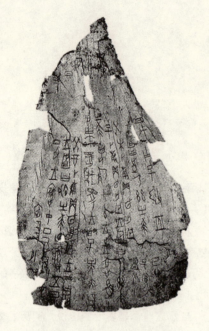

图188 商代甲骨文《祭祀狩猎涂朱牛骨刻辞》

要的汉字变化和不同的书法风貌。

甲骨文：甲骨文是刻在甲骨或牛骨上的文字，所以就名其为甲骨文。大约盛行于商代，是目前我们所知道的我国最早的文字。严格意义上它并不能算作是一种字体，因为它在结构上还没有完全定型。这种刻在甲骨上的文字有着早期文字的生拙感，字体大小不均，笔画以线条为主，从线条中还可以看出刻刀轻入重行又轻出的痕迹，由于骨质坚硬难刻反而形成了甲骨文特有的古拙趣味。出土于河南安阳的《祭祀狩猎涂朱牛骨刻辞》(图188)就是甲骨文的典型代表，也是商代祭祀狩猎的重要文献。虽然甲骨文的结构还没有定型，但已经是一种相当发达的文字，它已经注意到字距与行距的排列方式，而且那种自右向左、自上向下竖排的方式也成为中国书法的一个传统。

金文：金文是商周时期铸在青铜器上的文字。青铜是铜与锡的合金，因为周以前把铜也叫金，所以铸在青铜器上的文字称为"金文"，铸在青铜器上的文辞称为"铭文"。又因为古人用钟鼎作为铜器的总名，而我们现在发现的铭文又多铸造在钟鼎这样的大器上，故金文也称为"钟鼎文"。金文以西周早期的《大盂鼎》和西周晚期的《散氏盘》、《虢季子白盘》等为主要代表。金文较之甲骨文字形更为规范，章法排列也极为整齐，极大地增强了文字的装饰性，给人一种严肃而又美观的感觉。

大篆：大篆是西周晚期在金文的基础上经人整理而来的一种文字。周宣王时，有一位太史名籀，他在金文的基础上进一步规范整理，作《史籀篇》向天下推行文字，在小篆之前这些文字就称为"大篆"。因为这些文字由太史籀所整理，故大篆也被称为"籀文"或"籀篇"。唐朝初年，在陕西省凤翔县发现了十块刻有文字的"石鼓"，这些刻在石鼓上的文字被称为"石鼓文"。由于石鼓文和《说文解字》里的籀文很相近，大约刻于籀文流行的时期，所以一般人就把石鼓文作为大篆的代表作品。

古文：在秦统一中国之前，除了大篆外在其他六国中还流行着不同的文字，这些杂七杂八的蝌蚪文、鸟虫篆以及更为草率简练的六国古隶，在秦朝统一后都被称为"古文"，而统一的文字除小篆外还有一种隶书，就称为"今文"或"今隶"。古文与今文在历史的发展中一直是一对在时间上相对应的观念，而并不是一种特定的字体。

小篆：小篆是第一次将汉字统一起来的字体。随着周王朝的土崩瓦解，文字并没有因为太史籀所推行的文字整理运动而统一。由于春秋战国的分裂战乱，蝌蚪文、

图189 西周《虢季子白盘》局部

鸟虫篆在各国流行，正当各国文字异彩纷呈、百花齐放之时，唯独"守周故土"的秦国能真正贯彻太史籀的意图，继承籀文传统，去进一步规范文字。崇尚法制与规则的秦人，以其被称为"虎狼之师"的强大军事力量横扫六国统一中国后，马上就规范文字、统一度量衡，建立新的社会秩序。据说文字的改革与统一活动是由李斯主持的，经李斯统一以后的文字就称为"小篆"。小篆在大篆的基础上整理而来。篆书这个名词，历来都有争论，有人说篆就是传的意思，也有人说篆就是掾，掾就是官，古代的掾院就是官署的统称，也就是说，篆书就是官书。

《泰山石刻》是秦统一六国后的标准文字，成为小篆最典型的代表。小篆相对于甲骨文与籀文，造型更加圆满中正，具备对称、均衡、整齐一律的古典美。在线条上，它不同于甲骨文的尖锐和《大盂鼎》"丰中锐末"式的波磔，而是在继承《散氏盘》、《毛公鼎》、《虢季子白盘》(图189)这些线条等粗的形态基础上，进一步向珠圆玉润的"玉著式"线条发展，显得饱满圆润，质朴大方，文字结构也更为严整规范。小篆在造型上方圆结合，使字形圆中有方，而不失于单调。线条间距也注意疏密节奏，匀称而不失于呆板。看小篆时，总让人感到一种庄严而崇高的美感，令人肃然起敬，同时又能从它的线条结构中体味出飘逸的气息与雄强动势，令人感到亲切温和又沉着有力。这种充满生命律动，浑圆而又刚正的审美，就是先秦人民对于丰富而和谐的"中和之美"在文字上的把握。

隶书：隶书是一种从篆书、古文（主要是六国古隶）的基础上演变而来的一种字体。据说由一位名叫程邈的衙吏整理而来，晋代卫恒《四体书势》记载："或曰下杜人程邈为衙吏，得罪始皇，幽系云阳十年，从狱中改大篆，少者增益，多者损减，方者使圆，圆者使方。奏之始皇，始皇善之，出为御史，使定书。或曰邈所定乃隶字也。"

小篆确立以后成为了统治阶级的官方文字，被用于国家庆典、颁布政令等重大事务中，而在民间依然还流通着六国古隶等便于书写的文字。文字是因实用目的而产生的，在它的发展过程中必然要遵循两个要求：一是要适合于辨认，二是要便于书写。当为满足辨认与通用而规范一种文字，约定俗成地成为正体（官体）后，人们往往还希望在此基础上寻求一种更便于书写的简体，那么隶书就随之而生了。我们现在所说的隶书就是指经程邈整理后的今隶，它完备于秦，大盛于汉。

隶书较之小篆，笔画减少了许多，造型扁方。线条与小篆的玉著式不同，而多波磔，注重线条的起伏变化，蚕头燕尾，一波三折。隶书在总体形态也趋于扁平，较之小篆显得横平竖直，能于平淡之中彰显无限趣味。从小篆到隶书，由繁变简，由

图190 汉代《石门颂》

圆变方,由长方变扁方,初步具备了现代汉字的方块形态。由于从篆书到隶书的变化是一次由圆到方的"质的变化",因而被称为"隶变"。隶书及隶书之后的文字就称为"今文"。今文的演变基本上是汉字书写方式的变化,是文字定型后写法的变化而不是字法的变化。所以"隶变"成为书法史上最具转折意义的变化,成为古今文字分水岭。隶书之后在文字写法上的变化已经属于书法意义上对点线美的追求了。

秦代的隶书称为"秦隶",汉代的隶书称为"汉隶"。因为隶书主要盛行于汉代,所以书法史上常以"汉隶"作为隶书最高成就的代表。在汉代,由于隶书书写的物质基础不同,一种写在竹简与木简上的手写体,称为"汉简";一种锲刻在石碑上的刻石体,称为"汉碑";它们一并成为汉代的主流书体。日常生活记物述事常用简,重大礼节歌功颂德而用碑。简体质朴随意,轻松潇洒,于粗放中见韵致;碑体严整肃穆,凝重浑厚,于平稳中蕴变化;简为手书文字,随人情绪而书,情感外露,飘逸美观,喜怒哀乐,弥见真性,粗头乱服,尽显自然,是隶书草创期的形态;碑为锲刻文字,讲求平正,注重内质,推敲点画,冷静成熟,法度森严,颇有规矩,如礼乐之雅正平实,是隶书的成熟之作。草创期的艺术往往富于热情;整理期的艺术常常偏于理性;后来书法史上有"帖学"与"碑学"之说,而且尚帖尚碑时有所重。帖轻灵,碑凝重。帖的书卷气与碑的金石味,相生相克,互补发展,犹如隶之简与碑。

东汉早期的《石门颂》(图190)线条圆润,中锋用笔,造型扁中有圆,还留有篆书的笔意。再后来的《乙瑛碑》已大大地加强了笔画中的波磔,完全是隶书八分的味道。到汉末的《张迁碑》,笔线结构中已少有圆转,而多方折,几乎接近于楷书了。

八分书:八分书的说法众多,历来有很大的争议。一种说法是东汉上谷王次仲以隶字改为楷法,又以楷法变八分。另一种说法是割程邈隶字的八分取二分,割李斯的小篆二分取八分,故名八分。也有人视八分书为隶书的一种或等同于隶书。周汝昌说:"'八分'一名,本来就是指笔画组织由篆的钩纡回曲、'抱成一团',逐步地变为'八'向'分'布,八种分散'独立'的笔画了。"从各种说法中我们能看出八分书是一种从小篆向隶书"隶变"的一种字体。它介于篆、隶、楷之间,更接近于隶书。它和隶书的区别是更强化笔画的波磔,并向楷书的"方"过渡。清代扬州八怪之一的郑板桥就以隶书为主,掺杂了楷书与行书的一些特点,创造了"六分半书"。可见所谓的"分书"就是一种充满

"隶"味的字体。

真书：真书也称正书、楷书。根据其大小又分为大楷（榜书）、中楷（寸楷）和小楷（蝇头小楷）。楷书从隶书中孕育而来，成熟于三国时期的钟繇，史称钟繇书体可为万世楷模，大概就是楷书得名的原因。钟繇参考了汉简的轻松漫妙和汉碑的严肃方整，为求辨认而更精致规矩，在点画上楷书变隶书的圆转为方折，初具了楷书点画的特征，但和唐人楷书比较起来，他的楷书还是流露出很多隶书的味道，充满着高古的逸气。楷书产生后在北方主要以碑的形式存在，像《龙门二十品》、《张猛龙》、《元稹墓志》等都是从隶书向唐楷过渡的著名作品，在书法史上这些作品常被称为"魏碑"。楷书在南方则主要以帖的形式存在于书法世家中，到了唐代在崇尚法度的时代背景下楷书才真正走向了辉煌，出现了一批楷书大家。

章草：章草是草书的一种。从隶书演变而来，可以说是隶书的一种草写。笔画保存了一些隶书的笔势，相传为汉代史游所作，以其用于奏章，所以叫章草。章草的书体特点是字字独立，不像今草可以字字连带纠缠。它的笔画特点圆转如篆，点捺如隶。一字之内笔画常常缠绵连接，粗细轻重变化较大，有些横画往往写成隶书的波磔向右上方重笔挑出，纯似隶书收笔。汉魏时史游、皇象所作的《急就篇》、索靖的《出师颂》、陆机的《平复帖》（图191）都是章草的代表作品。东汉张芝也因擅长章草而被誉为"草圣"。相传汉章帝、

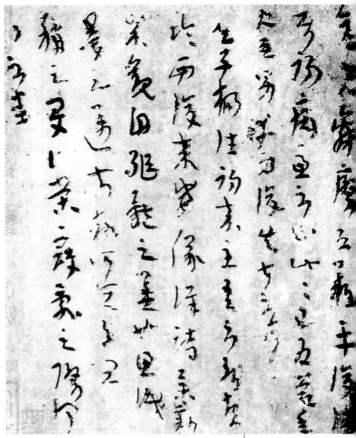

图191 陆机《平复帖》

蔡琰、张芝、曹植、司马懿、王羲之、王献之也都擅书章草。

今草：今草也称"小草"，是草书的一种。始于汉末，是对章草的革新，从中也能看出来楷书与行书的影响。据说东汉张芝既擅长写章草也擅长写今草，张芝之后，今草又被东晋王羲之进一步发扬完善。字体的演变基本上都是由繁趋简，其目的不外乎要便于流通辨认和提高书写速度，今草的特点就是笔画连绵回绕，笔与笔、字与字之间都可以游丝连带，使汉字的书写更为简约快捷。

狂草：狂草也称"大草"，从今草演化而来，是对今草更进一步的简略和放松，情绪十分外露，极尽线条之美，书写速度也最快。常言说"篆书如圈，隶书如蚕，楷书如站，行书如走，草书如跑"，就是对书写速度形象的比喻。唐代张旭的《古诗四

帖》和怀素的《自叙帖》是最典型的狂草代表作品。

行书：行书是一种介于楷书与草书之间的书体。偏于楷书的称为"行楷"，偏于草书的，称为"行草"，它成熟于东晋王羲之。曹操的"禁碑令"以及魏晋南北朝纸张的广泛应用，为行草书的发展和空前成熟提供了广阔的空间。魏晋人对美的追求，以及大量书法家的涌现，使文字最终从实用目的全面走向具有独立审美意义的书法艺术。其中王羲之是一个诸体兼备的集大成者，他转益多师，综合提炼，从隶书、楷书、草书中创造出较草书便于辨认，较隶书便于书写，较楷书而有速度的行书。

行书的特点是笔画的点、挑、拂、掠可以纵横连带，形成气息流畅、使转自如，笔致和开合有度的汉字结体。行书平稳而不失轻灵，流转而自具雅韵。既满足了使用目的，又便于情感的抒发，因而备受后世文人书家喜爱。王羲之的《兰亭序》就是行书的最高典范。

至此，篆、隶、真、草、行就完成了汉字书体的基本演变。太史籀于大篆，李斯于小篆，程邈于隶书，张芝于章草，钟繇于楷书，王羲之于行书。虽名成于人，然终不是单凭个人就能完成五体转变的。其中集体智慧，前人铺垫，同道熏染，皆因时造势，时趋必然之结果。

4.1.2 书法之美

欣赏书法美一般从笔画线条、结字造型、章法排列、意韵美感等四个方面入手。点画必须近看才能见其转折起伏、铁画银钩、游丝连带之线条美。章法须远观才能觉其整体布局所产生的空间美，或如将军列阵，或如长空行雁，或如乱石铺街。结字则可远观、可近看，近看则与点线结合看其方圆转折、横铺竖排、或长或短的变化，远观则与章法相结合见其大小奇正、分黑布白、或擒或纵的意趣。意韵则从全幅作品的整体品味而出，是由点画线条、结字造型、章法排列共同得来的心理感受与视觉美感，是一种意会多于言传的美妙感受。

常见今人看字，时近而察之，时远而望之，或俯观，或仰视，这种展卷于案，悬纸于壁，远近观赏，反复琢磨、品味的就是一种文字表象外的书法韵趣。这字外之韵犹如弦外之音、言外之意，从心底油然升起，兴味绵长，仿佛有一种磊磊落落、潇洒飘逸而自具优雅的情致。

(1) 笔画

横（一）、竖（丨）、点（丶）、撇（丿）、捺（㇏）、挑（㇀）、钩（亅）、折（┐）是现代汉字的八种基本组成笔画。古代人用一个"永"字将这八种基本笔画全部涵盖，称为"永字八法"：侧（点）、勒（横）、努（竖）、趯（钩）、策（挑）、掠（撇）、啄（短撇）、磔（捺）。其实它们与现代笔画一一对应，只是叫法不同罢了。

笔画是汉字最基本的构成单位，怎样写好这些笔画就产生了笔法，"永字八法"

图192 永字八法

就是古人总结出来的八种笔画的八种笔法(图192)。写好了汉字的笔画就相当于完成了书法的第一步。而每一笔画的书写(包括点在内)都要经过起笔、运笔和收笔这三个步骤来完成。首先,要中锋用笔,即笔锋行于笔画的中间,尤其写篆书、隶书更应如此,历代书家所谓的用笔"千古不易之法",就是指中锋用笔。其次,起笔必须藏锋,欲右先左、欲左先右、欲下先上、欲上先下,隐其锋芒,运笔则以腕力绵绵相送,使线条不失于纤弱乏力,也不失于霸悍张扬,而显得沉稳道劲,以得中和之美。最后,收笔亦须回锋收势,不使真气外泄、锋破迹败,这就做到"藏头护尾,无往不复"。

在每个笔画的书写过程中,都蕴含着不同的力量与不同的速度,在提、按、顿、挫的动作中形成了轻、重、缓、急的节奏:一提一按,不同的力度,或轻或重,一顿一挫,不同的方向,或缓或急。这些都仿佛在"指实"与"掌虚"之间形成一种相互制约而又相互依赖发展的力场,这个力场发源于心灵而后经臂、腕、指而注之毫端,落纸而成点画。这时的点画线条时起时伏,或粗或细,随心所动,充满着生命的节奏,所以明代潘之淙说"书者,心画也",笔线无疑是我们心灵的轨迹。这种发于心而应于手的提、按、顿、挫、轻、重、缓、急,不仅存在于一画之中、存在于每个字中,而且存在于一行字、全幅字之中,从而形成了一气呵成的点线节奏,犹如音乐,恰似舞蹈,随时间的流逝而起伏连绵,结束时又能将这一过程凝于一纸,宛若图画。

书画自古不分家,书法中行草书最接近音乐与舞蹈,不但是心灵节奏的外化,也是肢体语言的内蕴。应该说甲骨文和大、小篆都是纯粹线条式的表达,而隶、楷、行、草则属于点画意义上的牵引勾连。

古人对于点画线条的欣赏常常加上对自然物像的想象与联想,把有限的点画引向了无穷尽的大千世界。卫夫人在《笔阵图》中说:"横(一)如千里阵云,隐隐然其实有形。点(、)如高峰坠石,磕磕然实如崩也。"又说:"(丿)如陆断犀象,(乚)如百钧弩长,(丨)如万岁枯藤,(乀)如崩浪雷奔,(㇆)如劲弩筋节。"这是说要把点画当成一种有形的生命去看待,才能写出有力有形、富有生机、不呆不板、不僵不死的书法。

(2)结体

点画通过偏旁部首才组织成汉字。现代方块汉字的结构主要有:独立结构(如:女)、左右结构(如:明)、左中右结构(如:瓣)、上下结构(如:昌)、包围结构(如:困)和半包围结构(如:周、边)。

书写汉字首先要遵守一定的笔顺,即:先上后下,先左后右,先横后竖,先撇后捺,先外后内(如:网、门),先进屋再关门(如:国)。这样才能气脉相通,笔走势成。其次,结构必须注重松紧疏密,除了要注意笔画本身的粗细,还要注意笔画之间空隙的大小,实际上,笔画的疏密就相当于单个字的章法。篆、隶、楷三体,基本上追求点画间的疏密匀称，带有强烈的秩序美感。所谓"凡横距离相等，凡竖距离相等"，就是要求点画间的空间距离大致匀称。对于行草书结构而言，则跳出了匀称均衡的框框，或欹侧以取势，或平正以求稳，可以随心随性去处理疏密关系。时而疏可走马，时而密不透风，皆因字因情而致。一个字的大小疏密要考虑与其他字的整体和谐关系，做到自然而然，而不至于"当疏不疏，反成寒乞；当密不密，必至凋疏"（姜夔《续书谱》）。

除此而外，汉字的造型结体之中还寓有方圆、肥瘦、奇正、俯仰、向背、开合等诸多变化。对于汉字结体的这些变化，不外乎是先求平正，再求险绝；既知险绝，复求平正。所谓"绚烂之极，复归平淡"。在不破不立、立而后破的矛盾中，达到一种形体的均衡和秩序的和谐，实现"中和之美"的古典理想，体现多样统一的和谐美境。正如欧阳询论及楷书结体要求时所说："四面停匀，八边齐备；短长合度，粗细折中；心眼准程，疏密欹正；最不可忙，忙则失势；次不可缓，缓则骨痴；又不可瘦，瘦当形枯；复不可肥，肥即质浊。"

虽然汉字发展到隶、楷、行、草以后，已不完全是象形，而成为抽象的文字符号，但我们对它的书写却还要心存意象。如东汉大书法家蔡邕在《笔论》中说："为书之体，须入其形，若坐若行，若飞若动，若往若来，若卧若起，若愁若喜，若虫食木叶，若利剑长戈，若强弓硬矢，若水火，若云雾，若日月，纵横有可象者，方可谓之书矣。"这种行坐飞动，往来起卧，如喜如愁般的拟人神态，使汉字更具人的精神气质："长者如秀整之士，短者如精悍之徒，瘦者如山泽之癯，肥者如贵游之子，劲者如武夫，媚者如美女，欹斜如醉仙，端楷如贤士。"（姜夔《续书谱》）。因而我们看字也就如同观人，读书也就仿佛在交友。

(3) 章法

简单的理解，章法就是字与字之间的排列形态，其核心是整幅字的间距与行距造成分黑布白的效果。章法是无法独立存在的，必须和汉字结构结合起来去认识。它不仅包含着字与字之间、行与行之间的距离形式，也包含着单个字的笔画间距与空白的关系，以及字形与整幅字的黑白关系及其所造成的视觉感受。

不同的字体形态就形成不同的分黑布白。甲骨文由于刻于不规则的骨面，加之字形还未形成方块字形态，其文字排列就颇为松散，同时文字的线条纤细尖锐与锲刻时骨硬难刻则造成字体的不平不直、或长或短，这形成了甲骨文天然神秘的气息。钟鼎文与籀文是经过人工整理的铸造文字，其字距行距就整齐匀称，有庄严肃穆的秩序美感。隶书造型扁方，常带燕尾，远望去常有"雁行长空、鸿鹄群游"的感觉，既整齐一律又富有动感。楷书严谨规矩，对于结体的追求常胜于对章法的要求。楷书的章法与金文相似，都追求整齐肃穆，让人观之如"将军列阵"，字虽有大有小，但总是要求造成视觉上的均衡与和谐。行草书在章法上变化最大，所谓的"密不透风、疏可走马"，也只有在行草书中才能实现这样的大实大虚和大起大落。

如果说篆、隶、楷的章法排列是有法可循的，那么草书及狂草则是超出法度之外的，完全由书写者的性情与气质所决定。有人重虚白，字距大，结字松，把空间引入字内，使人有"空灵"之感，其气宽舒静谧。有人重实体，笔墨饱满，结字紧密，以笔墨君临空间，给人以"雄健"的感觉，其气猛壮充沛。张旭从"担夫争道"领悟出字的揖让关系，就是对结体与章法的深入探索。

除了字距与间距外，整幅字的天地、起首、收尾与句之长短错落、幅之横铺竖排，都是感受章法的重要环节。魏晋人与宋人多做尺牍小品，字迹错落有致，意态纷呈，多以手卷和册页的形式出现，观之亲切怡人，再加上字句的长短变化，犹如品尝一首江南小调，优雅轻松，弥漫着浓浓的书卷气味。明清人多作庭堂书，横扁竖轴，气象万千，以幅面与气势取胜，如京韵大鼓，风起云涌，意态纵横。

(4) 意韵

意韵是笔画、结字与章法共同传递出的一种感觉，是书写者气质与性情的自然流露，是字的神韵与气息。

朱光潜在他的《无言之美》中把写字分为"四境"：

一、初学时笔不稳，腕不灵，结体不端正，章法不匀称，用笔不能平实、遒劲，字至而笔笨，是"疵境"，疵境驳杂不稳。纵然有一幅之间一两个字写得好，一两笔写得好，但全体看去毛病很多。二、略有天资，用力勤，多看碑帖，对结体用笔、分行布白，学得一定法度，手腕灵活了，写出了无大毛病，看的过去的字，是"稳境"。稳境平正工稳，合于法度，却没什么精彩，没什么独创。三、再加揣摩，尝试各体，多读多临，然后荟萃各家各体之长，造出自家特有的风格，或奇或正，或瘦或肥，都可以说得上"美"，是"醇境"。醇境凝练典雅，极人工之能事，但这仍不是极境。它还不能完全脱离"匠"的范围，任何人只要下工夫，功到自然成。四、最高的是"化境"，不但字的艺术成熟了，而且胸襟学问的修养也成熟了，艺术修养与学问修养融成一体，于是字不但可以见出驯熟的手腕，还可以表现高超的人格。悲欢离合的情调，山川风云的姿态，哲学宗教的蕴藉，都可以无形中流露于字里行间，增加字的韵味。这就是"化境"。

对于书法意韵的欣赏正是对于"化境"的品味，不但要见到字，还要能见到字后面人的性情。任何艺术的"疵境"与"稳境"都是有法可依易于言表的，唯"醇境"与"化境"难以言传，需用自身的修养去感受。一般人为了实用，字写到"稳境"就行了，若要进入到艺术层面，就必须进入"醇境"与"化境"才可。"写字容易，写性情难"，欣赏性情也就不易了，而能欣赏字的性情也就算能领略到书法的意韵之美了。

4.2 书家书风

4.2.1 晋人韵致

魏晋南北朝时期是中国书法史上的一个高峰期。首先，这个时期是书法上各种字体相互借鉴、交融转变的一个重要阶段。汉隶、章草、今草、楷书、行书、八分书同时并存，并从章草向今草、行书及楷书过渡，且以行书的成就最高代表着晋人的风范。其次，这一时期也是大家林立、名家辈出的一个辉煌的书法时代。随着"士"阶级对书法创作的积极参与，书法在社会上层得到普遍尊崇，世家大族之间竞相效仿、交流切磋，一时之间掀起了一股书法的热潮。在这种风气的带动下产生了一批大的书法世家，而当时的书法名流多出自这些世家大族之中。自东汉张芝、蔡邕、三国钟繇以来，就有以索靖、索紞、索永为代表的索家，以卫觊、卫瓘、卫恒、卫铄（卫夫人）为代表的卫家，以陆机、陆云为代表的陆家，到东晋后，还有以王廙、王恬、王羲之、王珣、王献之为代表的王家，以谢安、谢万、谢尚为代表的谢家，以郗鉴、郗愔、郗昙、郗璿（后为王羲之的夫人）为代表的郗家，以及以庾亮、庾怿、庾冰、庾翼为代表的庾家。这些书法家族常常是父子兄弟、祖孙几代都是书法大家，甚至是夫人、女儿、保姆（王献之的保姆李如意）这些女性也都是书法名流。正是因为有这样一个庞大的书法群体和社会普遍对探索书法美的那股热情才带来了书法史上的辉煌。而这其中又以王羲之与其子王献之的成就最为突出，也最能代表晋人的风采。

王羲之，字逸少，山东琅琊人，生于晋怀帝永嘉元年（307年），卒于晋哀帝宁兴三年（365年）。西晋末年，王羲之的伯父王导与司马睿是布衣之好，曾劝司马睿过江南移。司马睿接受了王导的建议。不久，果然北方大乱，五胡乱华，西晋灭亡。于是司马睿就在江左建立了东晋。这样一来王导与王羲之的父亲王旷都成了建国功臣，整个王家的势力几乎与王权平等，形成了"王与马，共天下"的局面。王羲之就生长在这样一个名门贵族的世家之中。由于他的父辈在政治上已经拥有了显赫地位，到王羲之这一代对建立功名已经没有多大兴趣了，因而朝廷多次以很高的官位招王羲之入仕，结果屡招不就，直到与他要好的殷浩再三请求、反复推举下，王羲之才出任了右军将军，所以人称他为"王右军"。王羲之本想领军出阵有所建树，然而朝廷却只注重他的名气与声望，给的却是个闲职。他不久便毅然辞官，继续隐逸山林，将他的灵性与人格全部融入了对书法的追求之中。

魏晋时代是人性觉醒的时代。晋人对美的追求是自觉的，书法也正是在这个时期成为一门有独立审美意义的艺术。人们对于书法的研习已形成了一种社会风气，就像当时的谈玄论道、品鉴人物一样流行。王羲之先学书于卫夫人，移居江左后，

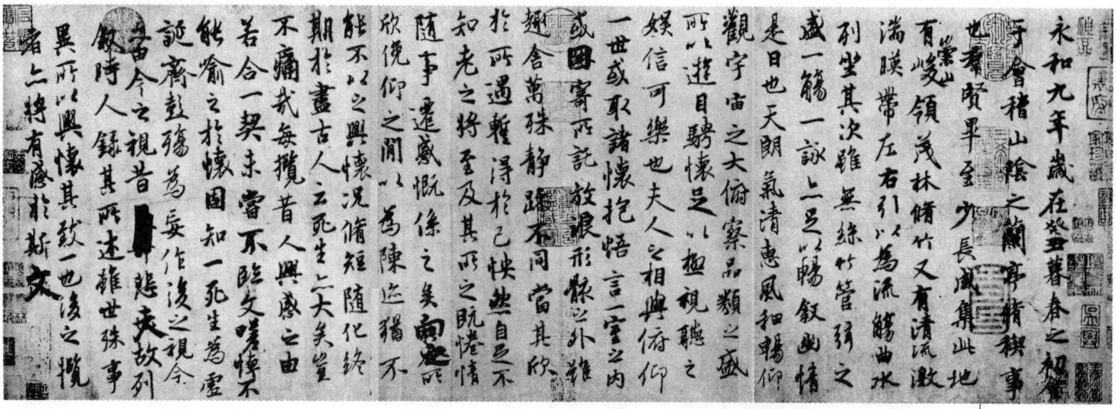

图193 王羲之《兰亭序》

遍游名山，广见前代名家之碑，有所领悟才说："始知学卫夫人书，徒费半月耳，遂改本师，仍于众碑学习焉"。于是，广泛地吸收了蔡邕、钟繇、曹喜、梁鹄等前代名家书法精华，于真、章、隶、篆、行五体皆通其法，相糅掺杂后自成一体，因而书名大振，当时求书者络绎不绝，得之只字片字便值千金。王羲之53岁时作的行书《兰亭序》则更被后世称为"天下第一行书"，他本人也因此被尊为"书圣"。

兰亭位于浙江会稽山阴，据说是越王勾践遍种兰花的地方。在王羲之辞官后的一个暮春之际，他召集了谢安等四十一位当时的名人高士，于三月三日行修禊事礼。在阳光和煦、流水有音的竹林溪水之畔，列坐其次，曲水流觞。将酒杯浮在水中，漂至谁处，谁就吟诗一首，如果吟不出便罚酒三杯。就是在这样的古雅气氛中，他们畅叙幽情，以消永日，尽显文人"痛饮酒，熟读骚"的名士风度。雅集结束后，他们将各人所咏之诗结为一集，并共推王羲之为诗集写序。王羲之酒足耳酣，乘兴挥洒，便得此序。序中文思流畅，辞采华丽，感悟幽深，不但是一篇优美的文学作品，更是一幅出神入圣的书法作品（图193）。

在《兰亭序》中，整幅字的气息宁静悠远，清丽流畅，处处流露出一股超然尘外的潇洒气韵，而单个字又极富变化，充满动态生机，其中二十多个"之"字无一重复，极尽变化。整幅字细细读来如沐春风，处处能感到作者心灵的脉动。人们常称王羲之的字"飘若游云，骄若惊龙"，这不仅是对其书法的评价，也是对他自身风度的评价。"飘若游云"是从容娴雅，是"静"。"骄若惊龙"是飞动洒脱，是"动"。《兰亭序》从容娴雅而不觉其慢，飞动洒脱而不见其滑，所谓"龙跳天门，虎卧凤阙"（萧衍语）正是在动与静的对立中做到了最佳状态，让人读来有种"风定花犹落"的感觉。静是一种整体的气息，动则又是一种局部的神采。

《兰亭序》在运笔上，中侧锋互用，又以侧锋为主，造成一种遒媚、洒脱、流利、畅快的美感。在结字上，以平稳为主又时露险峻之势，方圆结合、刚柔并济，潇洒而又沉稳，既有汉魏书法质朴的一面，又有晋人书法媚好妍丽、飘逸清透的一面，真正做到了古质而新妍。在章法上，采取纵有行、横无列的形式，字体大小错落而又气息平整。行距前松后紧，以萧散宽疏为主又显得节奏紧凑，给人以"导之则泉注，顿之则山安"（孙过庭语）的自然美感。这就形成了王羲之书法遒劲健美、侧媚多姿、神清骨秀、潇洒飘逸的风神韵致。

这份潇洒韵致不仅属于王羲之也属于整个魏晋时代。晋代人们对美的追求渗透到社会的各个角落，从评人到品物，再到

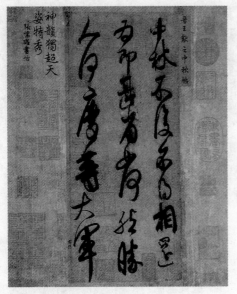

图194 王献之《中秋帖》

品味自然,这种对美的追求都是超出功利范围而一任自然的,故而也是纯粹意义上的。王羲之就是晋人风骨的最高代表,他正是以这种超脱的心性去思考、体悟、琢磨文字的线条、结构、章法,并把这些字与他所熟悉的自然山水沟通起来,去观照自我内心的玄机,格物致知,寄情抒怀。因而他的书法就成了晋人潇洒风致的浓缩,《兰亭序》成了一个古典美的典范,也为他赢来了"书圣"的美誉。

王献之,字子敬,是王羲之的第七子,因官至中书令故世又称其为"王大令"。他聪颖好悟深得其父笔法,又在书法的追求上自出机杼、大胆创新,能在继承王羲之书法的基础上有所建树,且妍丽飘逸过之,遂于兄弟间脱颖而出成为一代大家。后世人将王献之与其父王羲之与并称为"二王"。

王献之在书法上的成就先是继承父法,并以此上追古法(主要是三国钟繇的楷法和东汉张芝的草法),随后又根据自己的领悟向其父提出"改体"的想法,认为章草不能表达宏远超逸的意趣,应该创造一种介于草书与行书之间的书体。在这种主张下,王献之以其爽朗豪迈的性情以及更

为放逸潇洒的笔墨从其父亲高大的背影中走出来,形成了自己的书法风貌。和王羲之书法温润秀美、遒劲媚妍不同的是,王献之的书法更为洒脱飘逸、媚妍流变。如果王羲之与钟繇比起来,钟繇较为质朴,王羲之较为妍丽。而王羲之与王献之比起来,王羲之则较为质朴,王献之则较为妍丽。其实总体上讲二王的书法都是趋于妍美的,只是王献之更甚。这里的妍美并不是我们所误解的艳丽花哨,而是飘逸的韵致与视觉上的唯美。

在运笔上,王羲之以"内擫"为主,王献之则以"外拓"为主。明代丰坊《书诀》云:"右军用笔内擫,正锋居多,故法度森严而入神;子敬用笔外拓,侧锋具半,故精神散朗而入妙"。"内擫"的运笔方式使字的笔画与结字内敛而沉稳,颇有法度。"外拓"的运笔方式使字的笔画与结字放纵而飘逸,自具性情。所以在收放(擒纵)之间,王羲之较为收敛,王献之则更为放逸。也就是说王献之的字更注重感受,更趋于表现性情,在字的形态上也更风姿绰约、流利畅快。从另一个角度讲,王羲之的书法更为"文雅",而王献之的书法则更为"豪放"。羲之在文雅的总体印象下沉稳雄秀、自然遒劲,献之则在豪放的气息中神骏超逸、纵横有度,一个是优美,一个是壮美。羊欣言:"(献之)骨势不及父,而媚趣过之",就说出了他们父子俩在书法上的主要区别。

《中秋帖》(图194)是王献之的代表作品。此帖三行22字,字体在行草之间,亦

行亦草,时行时草。通篇文字连带环绕,字与字之间连带多于间断,气息流畅、一气呵成。笔画线条道劲有力、豪迈抒放,"外拓"式运笔中锋与侧锋相互转换,笔线之间纠结连带造成一种连绵不断之势,字虽不多却逸趣万里,外溢之气不待言表。结字方少圆多,字距密集,行距宽疏,一股坦荡之气一泻千里,荡荡无碍。王献之这种回环往复的"一笔书"为唐代的狂草辟了先河,也深受宋代"尚意"书家的尊崇。

至此,晋人的超然韵致透过王羲之父子的潇洒笔墨流芳万里。

4.2.2 唐人法度

人常说"唐人尚法"。

其实,从书法一诞生,书家们就一直在探索着书写的法则,只是从来没有像唐人这般热情、认真、严肃,视法度为至高无上的追求。如果说,李斯、蔡邕的时代书法是统治阶级上层极少数人的专利,魏晋南北朝时期书法是钟(繇)、索(靖)、卫(铄)、王(羲之)、谢(安)、郗(鉴)、庾(亮)等几大家族内部的事,那么,到了唐代人们对书法的探求却成了社会普遍的追求,书法甚至和仕途政治也密切挂钩。

唐人对书法的重视和对法度的崇尚,一方面离不开唐太宗(李世民)的大力提倡;李世民爱好书法,尤其喜欢王羲之的书法,曾在全国之中广泛搜罗王羲之的墨迹,并把王羲之的书法视为最高法度的代表,在他的大力提倡与推动下,朝廷内外掀起了一股研习书法的热潮和"尊王(王羲之)"的情绪。另一方面,是书法家对魏晋南北朝以来众多书法流派的自觉疏理;流行于隋唐时期的"永字八法"就是对楷书的书写规则最细致的规范,用了一个"永"字将我们现代汉字的点、横、竖、撇、捺、钩、挑、折八种笔法全部包含进去。"永字八法"的出现并不是一个偶然现象,而是书法在其发展的历史进程中,对法度自觉梳理后的必然产物,它从东汉流传至盛唐已日趋完备,历代书家还不断地增益之。还有一方面,是人们在意识形态上的需求;国土的统一、大唐中央集权制的建立,使统治阶级与社会各阶层都在寻求各方面的规范与秩序,那么在书法上提倡主流、构建法度,就成了江山一统后时代的要求和人们在潜意识中的寻求。这三个方面共同促进了唐代崇尚法度的精神。

这里需要多说的是,"法度"并不是指某一家的某一法,也不是任何人定出来的一条死的书写规范,更不是某一个人的书写样式,而是大家一直探索寻找的"汉字书写的规律"。人们在对书法探索的过程中逐步形成了一些基本的书写经验和审美要求,并渐渐达成一种共识,于是成了规范。这种书写的规范又经过历代人不断地增益与完善,这一过程常常是先继承原有的规范(前人的书写经验),再打破常规、越出规矩而探索新的书写经验,最后又在二者之上建立一种新的规范。这种新的规范就是对前人法度的继承与发展,这也就是"从无法（没经验）到有法（有经验），再从有法（规范）到无法（打破规范），最后到无法之法（建立新规范）乃为至法"的一个过程。所以说法度的建设正是在一破一立中不断演进，而绝不是恪守一个固定不变的"死法"。那么，唐人的"尚法"正在于对这一过程的实践，他们崇尚法度的精神贯穿于整个唐代，渗透于书法的真、行、草等书体中，又以楷书为典型继承、创新、重建属于唐代的书法法度。

欧阳询，字信本，潭州临湘（今湖南长沙）人。他是初唐楷书第一家，与虞世南、褚遂良、薛稷并称为"初唐四家"。欧阳询虽为初唐大家，但他的大半生却生长在隋朝，他在书法上先学王羲之，后又继承北朝碑书的精华，形成了刚健险劲、法度森严的书风。后人以欧阳询的楷书能于平正中见险绝，最便于初学，而称为"欧体"。欧体无论用笔，结体都有十分严肃的程式，传为欧阳询所作的《三十六法》就从排叠、避就、顶戴、穿插、向背、侧偏、相让、补空、覆盖、贴零、粘合、意连、借换、增减、朝揖、救应、附丽、回抱……等36个方面归纳了楷书的结字规律。如果一个人字的结构不好，那他就必须学学欧阳询，因为欧阳询的字结构严谨得仿佛一座结构稳定的建筑，在笔线的间距与行距中，见不到一丝松散的气息，有着让人观之屏息、望而生畏的森严法度，同时，它又十分秀巧，像闺中少女般隽秀矜持、端正沉静。这是"欧体"所独有的魅力。

写于唐贞观六年的《九成宫醴泉铭》

图195 欧阳询《九成宫醴泉铭》局部

是欧阳询76岁时的作品，可以说是他楷书登峰造极之作。《九成宫醴泉铭》由魏征撰文，欧阳询书，记载唐太宗在九成宫避暑发现泉水之事。此碑方整的用笔，还能看出他对北碑的吸收和继承。同时，又能在方整中见险绝，于平正中透出一股险峻之势，因而貌似隽秀，实则硬朗峻峭、刚强淳朴。明代陈继儒曾评论说："此帖如深山至人，瘦硬清寒，而神气充腴。"在整体风貌上欧体严谨工整、平正峭劲，字形稍长，笔画匀称紧凑，结体中宫紧密，主笔伸长，显得气势奔放。布白有疏有密，间架四面俱备、八面玲珑，气韵生动，恰到好处。

虞世南，字伯施，浙江余姚人。也是由隋入唐的楷书大家，与欧阳询合称"欧虞"。虞世南自幼跟智永和尚（王羲之七世孙）学习书法，"深得山阴真传"，书出"二王"正宗，为人又沉静寡欲，志性刚烈，议论正直，于是备受唐太宗器重。虞世南的书法，继承多于创造，其楷书不耀锋芒而内含筋骨，笔圆体方，外柔内刚，笔致圆融遒劲，血脉畅通，秀丽中含筋骨，风神萧散。有"二王"风致，又能自开面貌。

虞世南69岁时自撰自书的《孔子庙堂碑》是其楷书的典型代表。此碑立于唐贞观初年，碑文记载唐高祖五年，封孔子二十三世后裔孔德伦为褒圣侯，及修缮孔庙之事。此碑书法用笔俊朗圆润，沉稳典丽，字形稍呈狭长而尤显秀媚典雅。横平竖直，笔势舒展，呈现出一片平和雅润的气息。和欧阳询楷书"险劲"风貌不同的是，虞世南的楷书则有一种"蕴藉"之气。张怀瓘《书断》中说："论其成体，则虞所不逮。欧若猛将深入，时或不利；虞若行入妙选，罕有失辞。虞则内含刚柔，欧则外露筋骨，君子藏器，以虞为优。"看来虞世南在当时的名气就大于欧阳询。这不仅因为虞世南本身的书学成就，也缘于他继承"二王"法度的原故。欧阳询主要继承北碑故而紧峭险劲，虞世南则书学智永，上承王羲之，故而圆融含蓄，较多婉媚之趣。再加之唐太宗对"王书"的喜好（李世民认为王羲之的字是有史以来最"尽善尽美"的书法）所带来的全国上下"尚法尊王"的风气，使虞世南的书法得到了极大的社会共鸣。

褚遂良，字登善，钱塘（今浙江杭州）人。虞世南去世后，唐太宗叹息："虞世南没后，无人可与论书者矣"，魏征就推荐褚遂良，并说："遂良下笔遒劲，甚得王逸少（羲之）体"，褚遂良遂被重用。褚遂良书法初学虞世南、欧阳询诸家，后取法王羲之，且能登堂入室，自成体系，形成了结构匀称稳健，字态婀娜灵巧的楷书风貌，成为初唐楷书的又一大家。他的特色是善把虞、欧笔法融为一体，看起来方圆兼备、波势自如、笔致圆通，由此造成一种外柔内刚、丰丽流采、韵致婉逸的美感。故张怀瓘在《书断》中说："若瑶台青琐，窅映春林，美人婵娟，似不任乎罗绮，铅华绰约，欧虞谢之。"

《雁塔圣教序》是最能代表褚遂良楷书风格的作品。褚遂良在书写此碑时已进入了老年，在字的结体上改变了欧、虞的长形字，创造了看似纤瘦，实则劲秀的字体。在运笔上则采用方圆兼施、逆起逆止的笔法，使笔画的首尾之间皆有起伏顿挫、提按使转，笔法娴熟老成，字体清丽刚劲。从总体上来说，褚遂良直接承继晋人风度，他既是初唐楷书风格的创造者，也是晋人书风的继承者。如果说，欧阳询体现了一种来自于严谨法度的骨感之美，虞世南体现了一种温文尔雅的内敛之美，那么，褚遂良体现的则是一种来自于晋人笔意的风流华美。至此，他为初唐的楷法又标立了新的典范。

薛稷，字嗣通，蒲州汾阴（今山西万荣）人，唐代著名书画家。官至太子少保、礼部尚书，故世人又多称其为"薛少保"。薛稷的外祖父是初唐名臣魏征，魏征家富收藏，尤以虞、褚墨迹为多，使薛稷得以日昔观摩、研习，从而书法大进。其中薛稷对褚遂良的书法更是"锐意模学，穷年忘倦"，最终学成，名动天下，当时即有"买褚得薛，不失其节"的说法。其实，薛稷在继承褚遂良书法风格的同时还有所创造，他并没有发展褚字晚期婀娜多姿的风格，而是在"疏瘦劲炼"方面下功夫。董逌《广川书跋》载"薛稷于书得欧、虞、褚、陆遗墨至备，故于法可据。然其师承血脉，

图196 颜真卿《大唐中兴颂》局部

则于褚为近。至于用笔纤瘦、结字疏通,又自别为一家"。可见薛稷的书法是一种媚丽而不失气势、劲瘦而兼顾圆润的风格,且以"瘦劲"区别于虞、褚诸家。

《信行禅师碑》是薛稷书法的代表作。其字疏瘦劲练、流美飞扬、松朗挺劲、骨气洞达,有褚遂良遗意而又自成一格。薛稷发展了初唐书法"劲瘦挺拔"而又"绮丽媚好"的时代风格,被人形容为"风惊苑花,雪惹山柏"而充满了诗情画意,其瘦劲的风采亦影响了唐末的柳公权和宋代的徽宗皇帝。

欧阳询、虞世南、褚遂良、薛稷的书法代表着初唐书法的基本风貌,他们不同程度地对魏晋以来楷书法度作了深入细致的梳理与总结,形成了一套严谨的楷书风范,为唐代楷书的进一步完善奠定了基础。和前人楷书不同的是初唐楷书融入了北碑的刚朗方正,在王羲之蕴藉含蓄的基础上又多了些劲峭瘦硬。但总的来说,他们还是继承的多,创新的少,走不出王羲之巨大的身影,依然停留在对晋人"妍美"风格的继承与完善上。直到颜真卿的出现才打破了这一局面,创造了与王羲之截然不同的书法风貌,把楷书的法度又推到了一个新的高峰。

颜真卿,字清臣,京兆万年(今西安)人,祖籍唐琅琊临沂(今山东临沂)。祖上可追至孔门七十二子之颜回,是《颜氏家训》的作者颜之推的第五世孙。官至鲁国公,人称"颜鲁公"。安史之乱前在河北为平原太守,镇守平原郡,因而人们亦把他称为"颜平原"。颜真卿书法初学褚遂良,后师从张旭而得笔法,在汲取初唐四家书法特点的基础上,兼收篆隶和北魏笔意,一反王羲之与初唐书法中优美典雅的趣味,而以篆籀之笔,化瘦硬为丰腴雄浑,最终形成结体宽博、气势恢宏、骨力遒劲、气概凛然的自家风貌,被世人称为"颜体"。

颜真卿可以说是真正意义上给书法打上了大唐印记的人。他生活在玄宗统治的大唐盛世,国泰民安、文艺繁荣。他早期的作品《多宝塔感应碑》,字体端庄秀丽,还能看出来对"二王"及欧、虞、褚等人的继承,而后来写的《东方朔画赞》、《大唐中兴颂》(图196)及《颜家庙碑》、《自告身书》等却是他所独有的风格,字形丰厚大气、筋肉饱满。他这种大气磅礴的风格不仅属于自己,也属于大唐。在书法上,颜真卿奏响了盛唐之音,将楷书从优美引向了壮美,开创了豪迈雄浑、饱满劲健足以代表大唐雄风的书法风格。这一风格显然是符合唐人审美的,能在跃马扬鞭打马球、刚健豪爽跳胡旋的唐人心中引起极大共鸣,并能与斗酒诗百篇的李白、癫狂疾书的张旭、作画一日千里的吴道子相映生辉,共同构建豪迈奔放的大唐之风。

在书法史上,颜真卿是继"二王"之后成就最高,影响最大的书法家。他能在独尊王羲之的唐代跳出成法,创造出全然

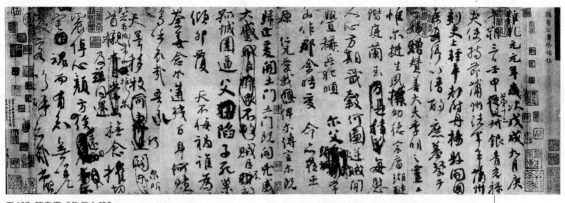

图197 颜真卿《祭侄文稿》

不同于王羲之风格的书法风貌。颜真卿与王羲之所不同的是，在运笔上，颜真卿以"外拓"代替王羲之的"内擫"，使点画向外扩张，这一点像王献之。在笔法上，颜真卿将篆籀笔意引入楷书与行书，变王羲之侧锋用笔多为中锋用笔多，在笔画的转折处，又变王羲之的"折"为篆籀笔意中的"转"，造成质朴、厚重、筋道、缠绵的线条。在结字上，王羲之秀丽典雅，而颜真卿则宽博豪放。所以苏东坡说："诗至杜子美，文至韩退之，书至颜鲁公，画至吴道子，而古今之变天下能事毕矣。"这里就指出了颜真卿创建了一个完全不同于王羲之优美秀逸风格的体系，打破了书坛独尊"二王"的局面。

颜真卿的楷书特点与初唐四家也截然不同。初唐四家被法度所缚，跳不出二王规矩，而颜真卿则大胆创新形成鲜明的个性。黄庭坚说："回视欧、虞、褚、薛辈皆为法度所窘，岂如鲁公〔颜真卿〕萧然出于绳墨之外。"在唐代楷书中，颜体的个性特点十分明显：首先，结体丰肥健硕、方正宽博，是楷书中最胖的。其次，横细竖粗，中锋用笔，夸大了点画的起笔、运笔以及收笔的动作，笔的运行轨迹清晰可见，不再是初唐时那么含蓄。朱长文说颜真卿书法："点如坠石，画如夏云，钩如屈金，戈如发弩，纵横有象，低昂有态，自羲、献以来，未有如公者也。"其三，颜体总让人感觉到大气堂堂、一身正气的气度。欧阳修曾说："颜公书如忠臣烈士，道德君子，其端严尊重，人初见而畏之，然愈久而愈可爱也。"颜真卿的风格正体现了大唐帝国繁盛的风度，并与他高尚的人格契合，是书法美与人格美完美结合的典例，树立了盛唐的楷书典范。

满门忠烈的颜家躬身践行着儒家的风范，将人格上的堂堂正气也带到了书法的追求之中，做到了真正的"书如其人"。刘熙载言："书者，如也，如其字，如其才，如其志，总之如其人也。"在颜真卿的楷书中我们分明能见到平稳中正，宽厚敦实的浩然之气。透过颜字一点一戈、浑厚丰实的中锋点线，我们似乎看到了一个刚正不阿而又温厚亲切的形象。颜真卿的平民意味使书法不再像魏晋时那样高高在上，竟也能成为一件寻常家户事了。

颜真卿除了楷书自成一体、成就突出外，其行草书亦在唐代独领风骚、开创了自王羲之以来一个全新的境界，留下了很多脍炙人口的作品，《争座位铭》《祭侄文稿》（图197）、《刘中使帖》就是其中典型的代表，又尤以《祭侄文稿》最为优秀，饱含悲痛，感人至深。

在颜真卿镇守平原郡时，安史之乱爆发了。一夜之间叛军席卷中原，攻城七十二座，破潼关天险，危逼长安。此时，颜真卿所守的平原郡顿时成了敌后的一座孤城。其实，颜真卿在与安禄山交往的过程中，已经察觉到安禄山已有谋反之心，因而他一面与之周旋，一面加强防御，一直做着迎接大战的准备。正当玄宗与贵妃还沉浸在大唐盛世的光环里演戏唱曲、寻欢作乐的时候，风云突变，良梦惊醒，安禄山的军队以迅雷不及掩耳之势横扫中原，势如破竹，使守城之军逃的逃、降的降，兵败山倒，偌大的帝国竟脆弱地不堪一击，只有颜真卿与其兄颜杲卿带领家族与叛军誓死血战。

在一次大战之中，颜杲卿与其子颜季明被叛军所俘，刀就架在颜季明的脖子上，狡猾的敌人想以其儿子的性命逼迫颜杲卿投降。然而，颜门忠烈，颜杲卿视死如归，颜季明亦正气凛然。随后，颜季明漫骂贼子，欲激怒对方，以求早死。结果，颜季明当众惨死，其父颜杲卿随后亦被折磨至死。此战颜家三十多口死去了一半，叛乱平息之后，颜真卿满怀义愤之情给他的侄子颜季明起草了这幅《祭侄文稿》。

打开《祭侄文稿》，满眼狼藉，勾圈涂抹一派悲愤之情跃然纸上。从"维乾元元年岁次戊戌九月……"开始，用笔还沉着缓慢，心绪平稳。赞及贤侄季明年少时"夙标幼德，宗庙瑚琏，阶庭兰玉"之美时还有"每慰人心"之感。随后心绪渐入激动，当谈到"逆贼问衅，称兵犯顺"时，再也没法保持平静，义愤之情由然而起。从"尔父竭诚常山作郡"开始，墨浓笔重，字迹陡然放大。"竭诚"二字竟有三次涂抹，不平的思绪引起了内心阵阵苦痛。接下来笔线更为急促，从"土门既开，凶威大蹙，贼臣不救，孤城围逼，父陷子死，巢倾卵覆，天不悔祸，谁为荼毒"之后，愤怒、激越、痛苦、郁勃之情已如决堤之水一泻千里，再也控制不住。从呜咽到低涕，再到狂歌当哭，老泪纵横，几不成语。再接下来的字迹几乎已无行无距。悲到极致，乱到极致。线条连环涂抹，字迹狼藉不堪，情感奔腾跳跃。一个"呜呼哀哉"又一个"呜呼哀哉"，将情感推到了悲痛欲绝的极境，久久不能平息。再看全幅二百三十四字仅涂抹处就有三十四字之多，可见其如麻之心。

《祭侄文稿》看起来毫无"优美"而言，把单个字提出来更不敢推敲，然而贯穿于整幅字中的英雄气概与强烈情绪，却深深地打动我们的心扉，使人震撼。因为它是稿本，所以悲痛的真情跃然纸上，毫无做作之气，显得弥足珍贵。朱光潜说："学习书法，写字容易写情难"。颜真卿把自己的性情表现得淋漓尽致，使我们有见字犹见人的感觉，从他的字中也强烈地感受到了他的悲痛。《祭侄文稿》被元代鲜于枢评为"天下第二行书"，与王羲之的《兰亭序》相媲美。

如果说《祭侄文稿》饱含着颜真卿的沉痛悲情，那么《兰亭序》则充满了王羲之的悠远哲思。一个是家散人亡后的情绪喷发，一个是对天地自然的悠远思考。王羲之是深受道家与佛家思想浸润的超尘之士，而颜真卿则是儒学思想指导下的刚烈忠臣，如果说王羲之的《兰亭序》像一个文质彬彬的高士，悠远宁静而充满书卷气息，那么颜真卿的《祭侄文稿》就是一个粗疏乱服的武

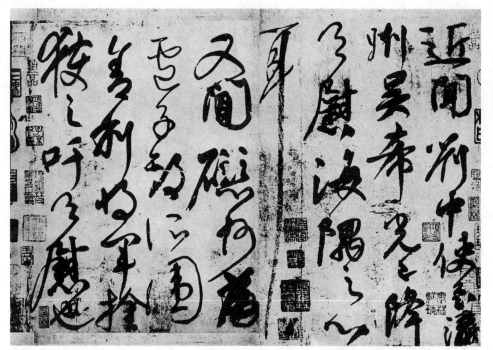

图198 颜真卿《刘中使帖》

夫,有解衣盘薄,气吞山河的气势,真可谓是一文一武。

颜真卿的《刘中使帖》(图198)写的是战争胜利的两则消息。一是:"近闻刘中使至瀛州,吴希光已降,足慰海隅之心耳!"二是:"又闻石慈州为卢子期所围,舍利将军擒获之,吁!足慰也!"在语气与行笔间都流露出了极大的喜悦之情。此帖笔墨线条酣畅痛快,结字以圆转为多,连环流畅。仅一个"耳"字就占了一行的空间,这是喜的极致,是战争的悲情换来的喜出望外。"耳"字之后也就全是喜极后的轻松了,看那一个转折性的语气叹词"吁",我们似乎听到了一声长长的轻叹,仿佛是为整个大唐轻轻地松了口气。颜真卿的《祭侄文稿》与《刘中使帖》可算得上是一悲一喜。

颜真卿之后,能代表唐人楷书另一高峰的是柳公权。柳公权,字诚悬,京兆华原(今陕西耀县)人。官至太子少师,故世称"柳少师"。封河东郡公,故又称"柳河东"。他最初由王羲之书法入手,后专学欧阳询与颜真卿,他的书法既继承了颜体雄壮的特点,又继承了初唐秀媚的书风,创造了具有自己独特艺术风格的"柳体",并与颜真卿并称为"颜柳"。

柳公权的书法风格一般可分为两大类:一类以《金刚经刻石》、《冯宿碑》等为代表,结体严谨平稳,笔法灵巧劲挺,具有晋唐以来楷书的劲媚意趣;一类以《神策军碑》、《玄秘塔碑》(图199)为代表,一变晋唐楷书姿媚的风格而融入颜真卿雄壮健美的气息,形成开阔疏朗、骨势劲媚的楷书风格。柳公权虽学习颜真卿,但又与颜真卿有很大的区别,柳体较颜体更为方硬瘦峭,显得清劲有力。像是把颜字身上的肉剔掉了些,只剩下骨头,所谓"颜筋柳骨"就是对他们不同的书法风格所作的精辟总结。柳公权用笔虽出自颜真卿,却又参学欧阳询,因而笔画细劲、棱角峻厉,与颜真卿的浑厚宽博不同,显得英气逼人。和颜真卿比起来,柳公权字中法度更为森严,意态却少了些雍容。

也许唐朝的由盛转衰,使人们不再喜欢

图199 柳公权《玄密塔碑》局部

丰肥健硕，也许缘于"书贵瘦硬"观念的影响，也许是安史之乱后人们的胸怀不再是那么的稳定宽博，在柳公权身上那种饱满张扬的盛唐气象不见了，却留下了瘦硬的骨气和严谨的法度。在他的字里逆锋起笔、中锋运笔、回锋收笔的动作更为讲究，点画结构、字体章法也更为严谨，从某种意义上讲柳公权对唐代的书法法度作了一次全面的总结。

唐人对真楷法度的精研苦求，终化作淡淡墨迹，藏于卷卷经书。它似乎没有给现代人留下多少探求的余地。然而时过境迁，就在电脑打字的今天，也还有不少人恋着笔墨，于晴窗净几时，铺纸磨墨，竹管在手，一点一画地在享受着娟娟正楷所带来的平静心态和古雅韵味。

4.2.3 癫张醉素

大凡艺术上有些过人成就的人，多多少少都有些超常的禀赋和接近疯狂的追求，所以人常说艺术家都是些"疯子"。

张旭，字伯高，吴（今江苏苏州附近）人，唐代书法家。初仕为常熟尉，后官至金吾长史，人称"张长史"。其母陆氏为初唐书家陆柬之的侄女，即虞世南的外孙女。张旭为人洒脱不羁，豁达大度，卓尔不群，才华横溢，学识渊博。与"斗酒诗百篇，天子呼来不上船"的大诗人李白和自号"四明狂客"的贺知章是知交。杜甫将他们三人列入《饮中八仙》：

知章骑马似乘船，眼花落井水底眠；
汝阳三斗始朝天，道逢曲车口流涎；
恨不移封向酒泉，左相日兴费万钱；
饮如长鲸吸百川，衔杯乐圣称避贤；
宗之潇洒美少年，举觞白眼望青天；
皎如玉树临风前，苏晋长斋绣佛前；
醉中往往爱逃禅，李白一斗诗百篇；
长安市上酒家眠，天子呼来不上船；
自称臣是酒中仙，张旭三杯草圣传；
脱帽露顶王公前，挥毫落纸如云烟；
焦遂五斗方卓然，高谈雄辩惊四筵。

试想一下，就是这样一些狂怪疯癫的酒中豪客，他们写起字来该是怎么一幅天地呢？他们能喜欢横平竖直的真楷吗？看来在他们身上不会有中规中矩，只会有潇洒自然。不会有文质彬彬，只会有万丈豪情。和同时代的书法家及后世书法家比起来，他们没有过多的功利思想，也不是愤世嫉俗、狂叫怒号式的发泄，而是一种自得其乐、逍遥于天地间的豪情抒发。

李白在《上阳台帖》中不拘法度，贺知章敢于用草书来写《孝经》，张旭更是狂中之狂,"每大醉,呼叫狂走,乃下笔,或以头濡墨而书,既醒自视以为神"。这些行为都超越了理性法规的束缚,实现了自我个性的张扬。李嗣真说:"古之学者,皆有师法;今之学者,但任胸怀。"而这样呼叫狂走、敞开胸怀、旁若无人、奋笔疾书正是张旭书法所追求的情境。

张旭的书法,始化于张芝、二王一路,以草书成就最高。一方面他自己以继承"二王"传统为自豪,字字有法;另一方面又效法张芝草书之艺,创造出潇洒磊落,变幻莫测的狂草来,其状惊世骇俗。相传他见公主与担夫争道,而得笔法之意,又看公孙大娘舞剑器,而得草书之神。张旭是一位纯粹的艺术家,他把满腔情感倾注在点画之间,旁若无人,如醉如痴,如癫如狂。唐韩愈在《送高闲上人序》中赞曰:"喜怒、窘穷、忧悲、愉佚、怨恨、思慕、酣醉、无聊、不平,有动于心,必于草书焉发之。观于物,见山水崖谷、鸟兽虫鱼、草木之花实、日月列星、风雨水火、雷霆霹雳、歌舞战斗、天地事物之变,可喜可愕,一寓于书,故旭之书,变动犹鬼神,不可端倪,以此终其身而名后世。"这是一位真正的艺术家执着于艺术的真实写照。

由于强列的个性、怪诞的行为、近乎癫狂的书写状态,人们称张旭为"张癫"。他的草书和李白的诗歌、裴旻的剑舞被时人称为三绝。后怀素继承和发展了其笔法,也以草书得名,并称"癫张醉素"。

张旭的遗墨,最有代表性的是《古诗四帖》(图200)。书卷初展,但见一股豪气

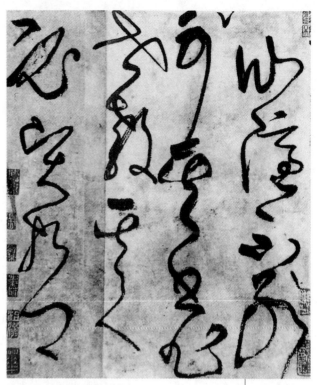

图 200 张旭《古诗四帖》局部

袭来,飞舞的线条跌宕起伏,纵横回旋,时强时弱,忽左忽右,连绵不绝,仿佛天书,尤似图画。还未来得及细看写的是什么字,已被这种气势所震慑,心早已随着笔线驰骋于千里之外了。张旭完全打破了方块汉字字体排列的程式,使笔画与笔画之间,字与字之间,行与行之间,形成一股连绵的气势。状似连珠,绝而不离;行如龙蛇,钩连不断。时而如天马行空,时而如蛟龙出海,仿佛湍流激瀑,势来不可止,势去不可遏,给人以"云集水散,风回电驰"(萧衍《草书状》)的美感。在张旭的书法中看不到迟疑、停滞、犹豫,看到的只是一泄千里的激情和酣醉后的狂舞。

在这里线被放在了第一位,字被放在了第二位,感性完全超出了理性的控制,达到了草书至狂的境界。虽然这种连环纵逸的草书在王献之的《中秋帖》里已得到了极大的展现,但却没有像张旭这样把它推到了狂放的极致。难怪后人论及唐人书

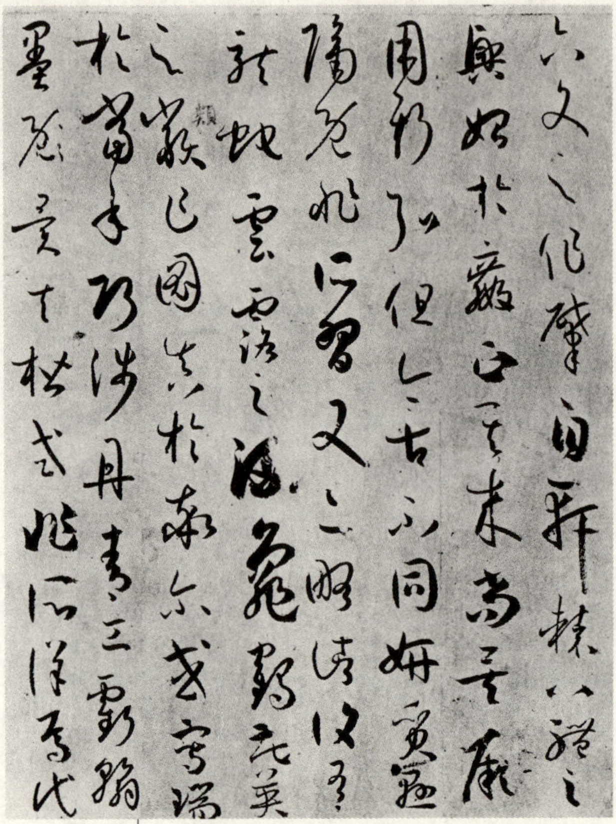

图201 孙过庭《书谱》局部

法，对欧、虞、褚、颜、柳、素等均有褒贬，唯对张旭无不赞叹不已，这是艺术史上绝无仅有的。

在张旭之前，初唐的孙过庭已把书法探索的目光锁定在草书上。正当全国上下都在"二王"书风中寻求法度时，孙过庭却不愿意走循规蹈矩的道路，他要通过书法表现个人的性情。虽然孙过庭也不可能躲过王羲之书法对他的影响，但他却在王羲之书法中发现了性情、变化与情感的重要，不是把"二王"学成标本，而是把"二王"学活。这一点王羲之自己也说："若平直相似，状如算子，上下方整，前后齐平，此不是书，但得其点画耳。"（《笔势论十二章并序》）。而孙过庭正是学习王书对情感和性情的表现，才创建了自己的风格。

在孙过庭的代表作品《书谱》（图201）中，纽扣大的草字，洋洋洒洒，落纸千言，如"大珠小珠落玉盘"般洒在纸上，字字珠玑，富有变化。整卷书法气息流畅，排列匀称，笔线时重时轻，毫不做作，堪称草书中的精品。《书谱》既代表了初唐的草书风貌，又是一篇精辟深邃的书法论著，而且将魏晋南北朝以来的章草和今草融为了一炉。然而在唐代尚法的大潮下，孙过庭的《书谱》还是有一些标准草书的味道。而真正打破法度把草书推向狂草的却惟有张旭和怀素。

张旭之后，唯一能与他齐名的是唐代的另一位狂草大家怀素。

怀素，俗姓钱，湖南零陵人。因自小"忽发出家之意"，"二亲难阻"，进入佛门后，改字藏真。史称"零陵僧"或"释长沙"。在一般人眼里僧人应该是充满禅宗意味，淡远平静的人。然而怀素却是个狂僧，他不守佛门清规，不戒酒肉，且每饮必醉，醉后疾书。在书法上他勤于练习，探索进取，曾向颜真卿讨教过书法用笔，又很推崇张旭。但他并不是一味地在外在形式上去靠近张旭，而是吸取他们的精神。由于练习狂草十分费纸，"须臾扫尽数千张"，怀素家贫，就常用芭蕉叶当作纸来练习草书，所以就有了"怀素书蕉"的典故。长期的勤奋练习，广博的吸纳融收，再加上禅与酒所带来的领悟与激发，使怀素在狂草领域开创了又一个新天地。

怀素之所以被称为"醉素"，缘于他嗜酒茹荤，曾一日九醉。醉后又奋笔狂书，笔走龙蛇，气势磅礴，所谓："奔蛇走虺势入座，骤雨旋风声满堂"（怀素《自叙》）。茶可清心，酒使人豪。微醉时的恍惚，酣醉时的激情，大醉时的忘我，仿佛使人的灵魂出窍，既不受肉体支配，又不受思想意识的约束，最终使自己的真实性情得到了淋漓尽致的展现。许瑶称赞怀素书法时说："志在新奇无定则，古瘦漓洒半无墨；醉来信手两三行，醒后却书书不得。"可见醉酒后的书法常常给人带来意想不到的效果。戴叔伦亦云："心手相师势转奇，诡形怪状翻合宜；人人欲问此中妙，怀素自言初不知。"看来怀素狂草的妙境，并不是提前设想好的，而是由心随性得之自然的，这也正是"醉书"的妙境。

《自叙帖》（图202，图203）是他狂草的杰作，以长卷的形式，自述了他的身世、学书的经历以及书家名流对他书法的赞誉之词。从"怀素家长沙"起到"大历丁巳冬十月廿有八日"止，洋洋洒洒126行，702字。笔线连贯流畅，气息奔腾鹊跃，线条时枯时润，章法亦开亦合。线条虽细却劲健有力，看起来行笔飞快，却没有轻滑浮飘的感觉，细如发丝时却依然不觉纤弱，干至飞白时却依然不觉枯燥。只见真力乘着酒兴，借着笔力，疾速奔泄，点挑拂掠，回环往复。跳跃着的是激情，流动着的是心绪，书者气畅，观者心惊。真是"狂来轻世界，醉里得真如"。

如果说张旭是对"法"的突破而将草书引向狂草，那么怀素就是在狂草中又构建着新的法度。他们两个从有法到无法，再到法外之法，几乎走完了狂草该走的路。后来的王铎与傅山不过是这支狂想曲几百年后的余音罢了。

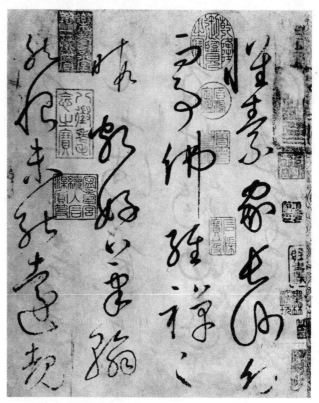

图202 怀素《自叙帖》局部1

图203 怀素《自叙帖》局部2

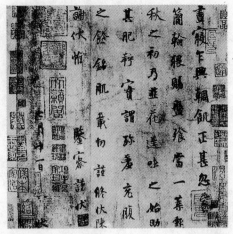

图 204 杨凝式《韭花帖》

4.2.4 书卷意趣

五代杨凝式，大概是书写风格最为散漫随意的人了。在他的字里见不到楷书的森严法度，只看见随意适性。他很疯狂，但却不像张旭和怀素那般狂得有章法。他的字看起来东倒西歪，似乎毫无法度，却独具韵味，自成高格。颇有几分醉意，几分闲散，几分怪诞，又有几分禅味。

据说杨凝式生得矮小丑陋，父亲是唐末宰相杨涉，后又经过自己的努力做了唐朝的进士，后梁的官。在后唐时，因得了心疾又不朝而罢，随后常因旧恙虽仕历五代却常常闲居在家。由于仕途上的不得意，于是就常游于僧寺道祠，流连于山水胜迹。喝酒、参禅、吟诗、题壁就成了他寄情抒怀的常事了。

既然是抒怀遣兴，自不必苦求于戟戈法度。想必杨凝式写字时，不会非要窗明几净、净手、焚香、沐浴、斋戒，然后正襟危坐，如临大敌般认真严肃。或许在酒酣耳热之后，或许在心手两闲之时，在那残墨中又加了点水，顺手拿了支笔，就信手挥洒起来，将那胸中不吐不快的诗句，急急地倒在了纸上。这便成了我们今天看到的《夏热贴》。

花开花落，秋去春来。

一切都那么自然，就在一次午睡醒来时，全身舒展，腹中正饥，恰逢有人馈赠了韭花食物，非常可口。杨凝式随兴写下了《韭花帖》(图204)，来感谢他人赠送韭花之情，却不想成了千古名作。在《韭花帖》里洋溢着一团欣和喜气，让人观之如沐春风。一开始用的还是楷书，而后便随着心情愉悦渐楷渐行，显得愈来愈轻松愉快，到最后从容随意的非得要全用行书来表达了。

书法经过唐代人对法度的构建和个性的渲染，到杨凝式这里，仿佛是"轻舟已过万重山"，剩下的就是轻松、自在、适意、从容。《韭花帖》宽阔随意的字距与行距，总让人看到在那里闲庭信步、快适生活的杨凝式。文人的生活意趣和他们的喜怒哀乐，便通过一支羊毫完全地融入书卷了。这种充满雅韵的书卷气息在王羲之的尺牍与便条中曾经显现过，唐人更多地则是在书法中张显法度与气势。从杨凝式开始，充满淡远意蕴的书卷气又回到了书家手中。

"春风又绿江南岸"。这种温润淡远的书生气，像一股和煦的春风，吹开了北宋的千树梨花。

首先是苏东坡，当然主要也是苏东坡。他的一句"我书意造本无法，点画信手烦推求"，便带给人们无数从容与惬意。接下来便是米芾、黄庭坚等人分别张显着不同个性。他们并非要和"法"作对，唱反调，标新立异，哗众取宠。而是根本就不屑于法度，或者说不拘于法度，而直写自己的性灵趣味罢了。后来人说："晋人尚韵，唐

FOUR

人尚法，宋人尚意"。宋人尚意不过是向晋人看齐，欣赏字的笔墨意趣多于遵循点画结构，表现个性多于探索理法而已。

欧阳修《试笔》曰：东坡尝说："明窗净几，笔墨纸砚，皆极精良，亦自是人生一乐。"又说："自己的字，若以为乐，则自是有余。"看来苏东坡他们原本就不是冲着书法家去努力的，而是以此为乐，游戏消遣，却也有几分当真。书写的乐趣成了文人生活的一部分，书法不再背负沉重的责任，写首"大江东去"，记两句"西湖波光"，互通个书信，聊寄个情怀，句子可长可短，字迹或大或小，篇幅不长，却精致文雅。

"不求于工而工，无意于佳乃佳，"是他们对书法的态度。看他们的作品，总让人觉得如水流山中，当行则行，当止则止，自然流畅，毫不做作。从来不见刻意推敲，却只见信笔由情。当一管在手时，随着性情，和着儒雅，时而疏狂，时而稳健，无论淡妆，无论浓抹，总是那么相宜。

在北宋书坛中，苏东坡是最引人注目的。21岁就中进士，并深得欧阳修赏识。仕途顺利，才华过人。作于他32岁时的《治平帖》能代表他年轻时的书法风格。笔墨精致，结构稳健，看起来有几分酣畅，又几分沉稳，刚朗大气，却也温文尔雅。此时的字，行笔速度较慢，走笔从容、墨色均匀，字与字之间多不相连，但气息贯通。结字大小、肥瘦、长短不一，体势端正、斜倚并存。中锋为主，侧锋取妍，圆活恬媚，筋骨内含，墨气浓润协调，韵致清雅。

几年后，由于苏东坡卷入了新旧两党的政治斗争，而一再遭贬。他先是反对王安石的维新变法，而自求外放，调任杭州通判三年。后又任密州知州、湖州知州。在湖州未足三月又因"乌台诗案"而下狱。出狱后，他任黄州团练副使（相当于民间自卫队副队长）。直到哲宗继位后，司马光任相，尽废新法，苏东坡的仕途又一路升为登州太守、翰林学士，直至礼部尚书。然而这时，苏东坡又不同意将新法全部废除，因而再度自求外放，才有再到杭州作太守、筑苏堤的一段历史。再后来，又召回，又外放，几经起落，享年66岁。

然而，就在他地位最低时，却写下了他一生最脍炙人口的书法精品——《黄州寒食帖》。

在黄州，苏轼自号东坡居士。自己开垦种菜，像陶渊明一般，身在江湖之远，过起了贫苦自适的日子。超脱潇洒是有的，但内心的苦闷忧郁也时常暗中袭来。寒夜雨声，不禁感叹：

自我来黄州，已过三寒食。
年年欲惜春，春去不容惜。
今年又苦雨，两月秋萧瑟。
卧闻海棠花，泥污燕支雪。
暗中偷负去，夜半真有力。
何殊病少年，病起头已白。
春江欲入户，雨势来不已。
小屋如渔舟，蒙蒙水云里。
空庖煮寒菜，破灶烧湿苇。
那知是寒食，但见乌衔纸。
君门深九重，坟墓在万里。

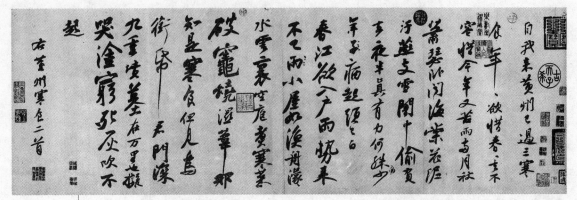

图 205 苏东坡《寒食帖》

也拟哭途穷，纸灰吹不起。

春华易逝。黄州三年，萧瑟风中，头已添白。这时的苏东坡，屋如鱼舟，食常寒菜。感叹君门遥远，百感交集。各种滋味全融到这幅书法长卷中去了……

《寒食帖》(图 205)开头字小，结字秀巧，颇为雅致。随后字迹便渐渐扩大，大小错落，纵横有度。后半段，墨浓笔酣，气势雄壮。笔墨随着心情，渐入佳境。谈到"破灶烧湿苇"，似乎心情较为沉重，字迹再一次放大，笔重墨浓，铿锵有力。"但见乌衔纸"又仿佛是一丝空穴来风，细笔游丝，和卷首的轻灵遥相呼应，显得轻松曼妙。整幅字的总体感觉酣畅沉郁，却也不乏轻灵、细微、精致的丰富变化，沉着也狂逸。

大概人到中年，也许几经沉浮。苏东坡这时的字已不像年轻时那般讲究，也不再考究谁家谁法，却是自写性情，直见情感。如秋叶之静美，如春花之灿烂，都是自家风貌。不必上表奏章，不必阔谈政治，这时的他写起字来也自有"我书意造本无法"的自信，也会有"点画信手烦推求"的从容。这幅信手写来的寒食诗稿，竟成了他一生最杰出的代表，被人称为"天下第三行书"，与王羲之的《兰亭序》和颜真卿的《祭侄文稿》相提并论。这大概也应了他那句"书初无意于佳乃佳尔"的话了。

黄庭坚是"苏门四学士"之一，既是苏东坡的弟子，也是苏东坡志同道合的朋友。思想上遵从苏东坡尚意出新的主张，实践中不断构建自己的独特风格。他拉长了字的笔画，使自己的书法恣肆纵逸，有长枪大戟般的气势，却不是剑拔弩张式的轻狂。黄庭坚写字用笔是较慢的，因而米芾说他是"描字"。我们也能从他的长横或是长撇中见到他刻意写出的波折变化，看起来不急不徐，雍容自如，却雄伟奇崛，刚朗萧散。这在他的《松风阁》中得到了很好的展现。不知为什么一见到他的《松风阁》，就觉得他的字也像松风一样，清爽而俊朗。那一点一画也像松姿一样劲拔有力。

黄庭坚的《七绝》(图 206)是他最好的作品之一，虽然篇幅不大，短短 28 个字，却是他的神来之笔。有种"醉来信手两三行，醒后却书书不得"的妙趣。字距小而行距大，造成了章法上散朗萧疏的气象。字与字连接不多，却给人一气呵成，顺理成章的流畅感觉。虽然流畅却又不显得浮滑，笔线依然沉着有力。姿态变化多端，毫不重复，却又不是刻意而为。

第一行，"花气薰人气破禅"结字密集，只"人"字稍显纵逸。第二行，"心情其实过中年"，排列疏松，一个"中"字就占据了两个字的位置，将"年"字逼到了第三行。第三行显得较为密集，这就形成了总体节奏上的前紧后松、有疏有密。在这幅字里，黄庭坚的很多字都不用常态，

FOUR

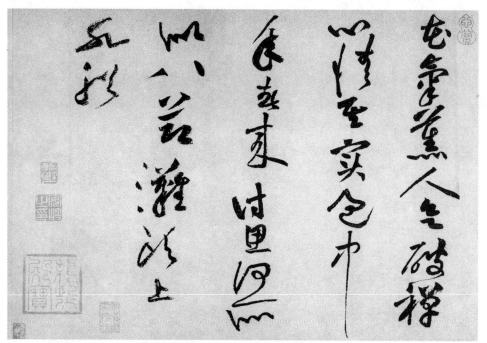

图 206 黄庭坚《七绝》

可谓是"既知平正，复求险绝"，险绝处几乎让人心惊肉跳，像"情"、"过"、"似"等字。尤其是"中"字的尾巴，如高空悬索，算是险中之险了。其实黄庭坚正是要在险中求胜，这就是他的字让人百看不厌，意味绵长的地方。

米芾的书法也以意态趣味为追求（图207），看他的字总有种左摇右曳的感觉。很少用平正之姿，虽然整幅字看起来，字与字之间的变化并不大，但单个字的笔画却是长短粗细，姿态万千，极富变化。米芾的用笔也不同于别人，他自称是"刷字"。写字速度较快，运笔爽畅，顿挫分明。看起来没有一丝刻意雕凿的痕迹，只是任情恣性的把激荡豪情扬洒出来。

我们不难看出，无论是杨凝式、苏东坡，还是黄庭坚、米芾，这些人写的分明就是自己的性情、追求、意趣和人格。他们的书法给我们展现了他们雅致、宁静、淡远而又富于热情的瀚墨生活。也给我们勾勒了他们沉浮不定，变化无常的多彩人生。

文物有灵，书卷意远。像这样一些代

图 207 米芾《拟古帖》局部

表文人心灵的书法，在后世的书坛见得就很少了。而如今的我们，也只能慕其雅致，想其淡远，却终不能望其项背。

4.2.5 回归古典

书法发展经历了晋、唐、北宋三个高峰期之后，到了南宋，无论形式技巧或是气质上，都已非常荒率和单调，一派江河日下的景象。这种萎靡不振的景况一直延续到元代初期。直到赵孟頫的出现才再一次带来了书法的复兴。

赵孟頫看到了书法"尚意"带来的古法丧失、法度不存的危机。因而，他在书与画的领域举起了一杆"复古"的大旗，以一己之力学习晋唐古韵，想重整乾坤。北宋人一度忽视的楷书在赵孟頫这里又被重新重视起来。他不厌其烦地临摹晋唐名迹，尤其是"二王"书法。他的楷书从唐代李邕入手，直追"二王"，又融入行书的笔意，最终形成了使转自如、流丽潇洒的风格，人称"赵体"，与欧阳询、颜真卿、柳公权并称为"颜、柳、欧、赵"古今楷书四大家。

《胆巴碑》(图208)就是赵孟頫楷书的代表作。其法度严谨，神采焕发，用笔沉稳，一丝不苟，笔法方圆兼施，圆润丰满，毫无迟滞之感，结体俊美灵秀，匀称优雅，章法布局分明，静穆庄严。我们可以从中看出平和适意的姿态、大方舒展的点画以及婀娜秀美的意趣。秀雅优美的古典风格在赵孟頫身上再一次复生。

赵孟頫对前人书法尤其是晋、唐名迹，广收博取，悉心临习，做到了诸体皆通的

图208 赵孟頫《胆巴碑》局部

地步，兼善篆、隶、真、行、草，尤以楷书与行书著称于世。《元史》本传讲："孟頫篆、籀、分、隶、真、行、草无不冠绝古今，遂以书名天下"。赵孟頫的行书主要学习王羲之与王献之，深得晋人韵致。苏、黄、米、蔡虽然也学晋人，但在他们的书法中主要彰显的还是个人的意趣，赵孟頫则不同，他以恢复晋唐法为己任，在继承

FOUR

古法上更为虔诚忠实，因而在书法上更能得晋人真髓。李 在跋赵孟頫书《过秦论》中说："子昂（赵孟頫）之书，全法右军，为得正传，不流入异端者也。"观赵孟頫行书尺牍仿佛有右军在世之感，他的书法也成了元、明、清最具古法的集大成者。

不仅如此，赵孟頫的小楷也名贯古今。与他同代的鲜于枢在《困学斋集》中就说："子昂篆、隶、真、行、颠草为当代第一，小楷又为子昂诸书第一。"倪瓒也说"子昂小楷，结体妍丽，用笔遒劲，真无愧隋唐间人"（《书林藻鉴》）。《汉汲黯传》（图209）是他小楷的代表作。其书风秀逸、结体严整、笔法圆熟，深得唐人笔意与法度，他自己在落款处也说："此刻有唐人之遗风，余仿佛得其笔意如此"。看来他对此帖也是极满意的。的确，小楷书从三国钟繇的《宣示表》，到东晋王羲之的《黄庭经》、《乐毅论》、王献之的《洛神赋》，再到唐代钟绍京的《灵飞经》，至赵孟頫这里，后世再也无过其右者。

赵孟頫是宋代之后在书法方面影响最大的人，不敢想象没有赵孟頫，元、明、清的书画又会是怎样一幅天地。然而就是这样一个人，却成为人们争议的对象。后世对他的非议不外乎是因为这个出身南宋宗室的人变节作了元朝的官，而书法写得过于精熟显得媚俗罢了。明张丑言："子昂书法，温润娴雅，远接右军正脉之传，第过妍媚纤柔，殊乏大节不夺之气，似反不若文信国天祥书体清疏挺竦"，就把他和爱国将领文天祥做一比较。"薄其人遂薄其书"，这里贬低赵孟頫的书风，根本原因是出自鄙薄赵孟頫的为人，嫌他出仕元朝罢了。

由于赵孟頫诸体皆通，且都达到了精

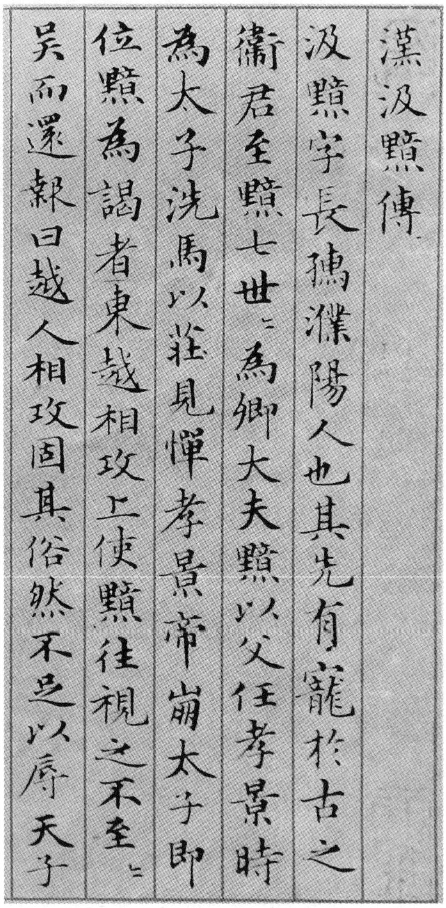

图209 赵孟頫《汉汲黯传》局部

熟的程度，熟则易流于媚，媚则易流于俗。明代董其昌正是以熟为由去批评赵孟頫的，他不愿意落入赵孟頫的窠臼。针对赵的严谨和精熟，董其昌提倡松秀和率真。但他依然没能突破晋唐以来"法"的束缚，他的成就甚至于没能超过赵孟頫。在董其昌身上显现出的那一丝新意，犹如古琴曲终的泛音一样只见于形，几不闻声，纤弱得不见踪形了。

"曲终人不见，江上数峰青"。

现代人对法度的研习，总要从"颜、柳、欧、赵"四位楷书大家入手。学颜得其筋肉，学柳得其骨骼，学欧得其结体，学赵得其韵姿。赵孟頫作为一种古典的回响，在书法的追求与贡献上有着其特殊的意义和不可磨灭的价值。

4.2.6 别具一格

"接天莲叶无穷碧,映日荷花别样红"。在书法的历史长河中,总有一些别出心裁,令人耳目一新的作品,由于它们新奇、突出、特别、不落俗套,而给人留下了深刻的印象。像赵佶、金农、郑板桥以及近代的李叔同就是这样的书家。

赵佶(宋徽宗)是个政治上懦弱的皇帝,但他却给文化和艺术带来了前所未有的繁盛。先是继承南唐的画院制度,招揽全国的绘画高手,汇集皇宫,将中国的花鸟画推上了一个高峰,后又提倡诗意入画,要求画院画家广诵诗词歌赋,以提高文学修养,开拓画境。这个国家的最高统治者,像画院院长一样,引领着宋代绘画走向了空前繁荣。

赵佶他自己也是个画家,他笔下的花鸟画融"黄荃富贵"和"徐熙野逸"为一体,高贵却不怎么雍容,典雅却也很朴素,色彩清润雅丽,墨色素净婉约。有时用细细的线双勾疏枝梅蕊,有时又用浓浓的墨描画柳干乌鹊。在粗与细的两种风格中体现那出自皇家的富丽和被文化所浸润后的野逸。人们常常怀疑赵佶的作品多是由别人代笔的,这一点当然不能排除。作为皇帝的徽宗,自然没有那么多时间细描慢抹那些墙内墙外、江渚池塘边上的闲花野草,别人画好后,题个跋,签个名也在常理之中。然而,赵佶题在画上的字却怎么也假不了,那字体无论如何都只属于他一人。在赵佶之前谁又见过这样的字呢?那么细!那么瘦!难怪被人称为"瘦金体"(图210)。想说它纤弱,却分明看得见劲拔英姿,想说它剑拔弩张,却又分明觉得工

图210 赵佶《浓芳诗》局部

整雅丽,说它是婉约的,却写得自信从容,毫无顾忌。说它是豪放派,却也见不到一丝粗犷与憨厚。只觉得细劲、流畅、典雅、飘逸、自信、从容、华贵、精湛、潇洒……

历史上写字的皇帝很多,李世民好"王书",自然是逼似王羲之,以"二王"为书学正统。李隆基也不例外地追求"二王"风采,就连武则天也写了一手带有"二王"气息的漂亮字。即使在赵佶之后,爱好书法的康熙与乾隆也喜欢赵孟頫和董其昌,那自然也是"二王"一脉的。但就是在赵佶这里,你看不到他的出处,他是那么的前无古人,而又后无来者,一杆长锋鼠须,写就了个"天下一人"。

在书法作品中,颜真卿与赵佶最好辨认,一个是最胖,一个是最瘦。"瘦金书"的线条纤细尖锐,锋如麦芒,像离弦之箭,

FOUR

咄咄逼人，令人胆战心惊。其险绝如此，历代书家从来没见过谁有此胆量。而赵佶又常在横画的收尾处做一长点，令笔画戛然而止，亦出乎常人意料。结体中宫紧收，周边宽松流畅，显得端丽而又洒脱，这些都是在其他地方见不到的特点。赵佶带来了文艺的繁荣，却也遭遇了政治的失败。国破家亡后，那种皇家的气象与王者的风度，体现于那又瘦、又细、典雅、飘逸的字体中，让后来人不免几番兴叹。

金农和郑板桥是清代扬州八怪中的代表人物。既然能被人称为"怪"，那自然是有几分异样了。金农，字寿门，号冬心，浙江仁和（杭州）人。金农爱梅花，梅花就像冬天的心，金农的号就是"冬心"。他青年时历游八方，50岁后才正式开始画画。刚到扬州时，有几分落魄，而立之年的他抱着"鬻书而食"的愿望，却落得个"闭门自饥"的结局。然而喜欢游历交友的金农仍然不断来往于扬州，将这里当作他的第二故乡，最终能立足繁华之地，以卖画为生。

金农的画奇崛、脱俗，生硬中透出无限烂漫。画的梅花最多，却从未见带色的，一派的水墨，一股子的清气。线也自由了得，不见有丝毫雕凿的痕迹。就那么漫不经心地在纸上描了几笔，竟成了一幅卓尔不凡的画，再题上他那特殊的字体，就有了十足的韵味。寥寥几笔的自画像，密密麻麻的罗汉图。金农画的新奇，足以让人过目不忘，然而看到他的字，却更是让人有种"入心直似静闻雷"的震动！和他画儿的曼妙轻松不同的是，他的字一笔一画，一横一竖，笔笔都像刻出来一样。没有转，只有折，没有圆，只有方。不求潇洒，但求古拙。

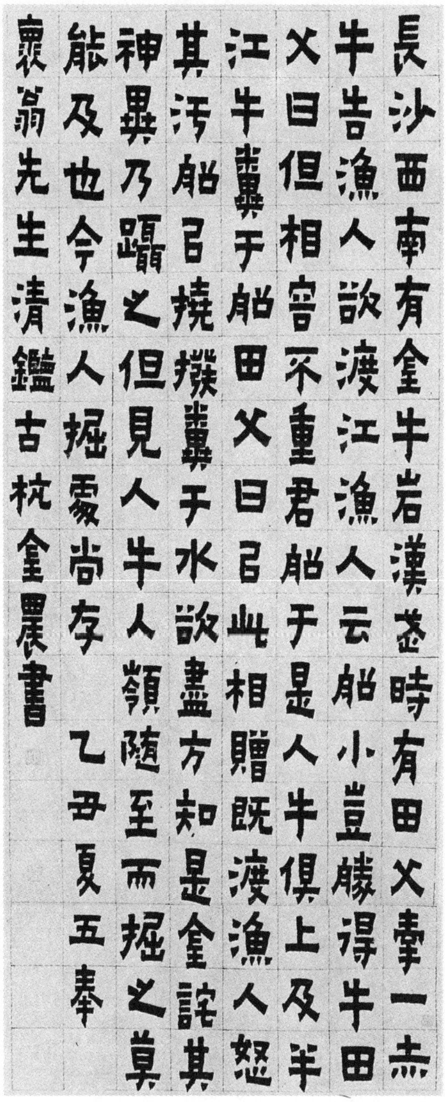

图 211 金农书法

初学书法的人大概是不喜欢看金农的，因为金农的字中根本就没有"永字八法"中点画的起承转合与浓淡华枯，倒像小学生初写字那般生拙。但是，你再细细揣摩，便又觉出一股不同寻常的气息，反觉得那种藕断丝连式的字有些媚俗，不如这般清劲古雅，不落俗套，让人渐渐玩味出其中的"秀"来，这"秀"自然是大拙之后的大雅了。

在"馆阁体"流行的年代，金农算是逆潮流而行的"另类"了。他改良了毛笔，又自己做了墨。笔如刷子，墨如漆。这样

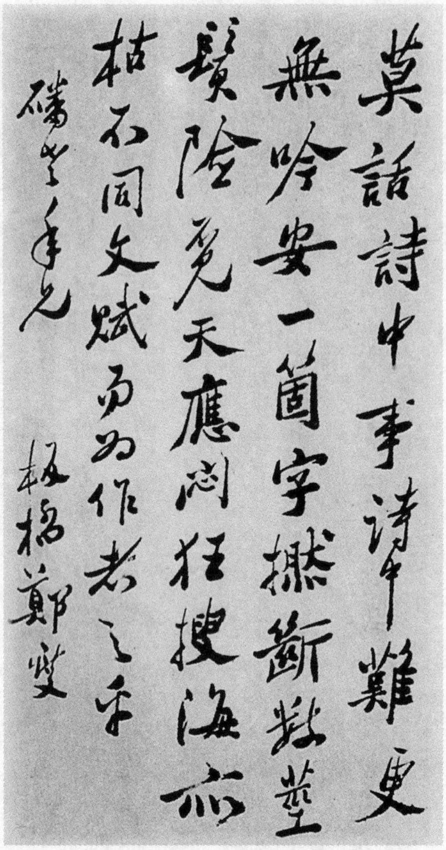

图212 郑板桥书法

一笔一笔"刻"在纸上的字就被人称为"漆书",而他本人也被称为"畸士"。这样的艺术总让人耳目一新。

与金农意气相投的好友是郑板桥。这个"半饥半饱清闲客"的郑燮,原本是有功名,做了官的。曾是"衙斋卧听萧萧竹,疑是民间疾苦声",这样一位关心民间疾苦的父母官。然而,芝麻绿豆大的七品县令,面对官场上的尔虞我诈,也只有抱着"难得糊涂"的心态,做一天和尚撞一天钟。可是,又哪能真的糊涂呢?郑板桥最终还是为民得罪了地方大吏,写下了那首"乌纱掷去不为官,囊橐萧萧两袖寒。写取一枝清瘦竹,秋风江上做鱼竿"的诗句,辞官卖画于扬州了。要不是扬州的繁华市场,多少江南才俊要为五斗米折腰啊!

卖画时的郑板桥,书画方面都已相当成熟。一生的勤奋自不必说,透过画中兰、石、竹所流露出的清高也是有目共睹的。郑板桥的竹子在清代最有名气,崖石之间,几竿清瘦,总是那么傲然挺立,看那硬朗劲拔的样子,就知道是板桥的手笔。再配上说行书不是行书,说隶书不是隶书,说楷书又不像楷书的自家书体,天下谁又不识君呢?

郑板桥的书法被称为"六分半书"(图212),因为他只取古人八分书中的六分半,以隶书为根基,参杂了楷书和行书的笔意,就形成了被誉为"乱石铺街"的六分半书,从而成就了自己的真性情。郑燮对古人的书法是经过一番琢磨的。传说有一天晚上,他躺在床上用手默写推敲着字体点画的变化,却不知不觉在妻子身上画了起来,妻子说了句"要写就在你自己体上写,又何必在别人体上画来画去"。说者无心,听者有意。是啊!为什么老琢磨别人体呢?何不构建一种属于自己的书体呢?

郑板桥就这样找到了自己,于是书坛中便又多了一枝奇葩。这些时而歪斜,时而平正,一会儿像隶书,一会儿像行书的字体就时常出现在竹枝间,石缝里。字多时,远远望去果真像铺街之乱石,虽乱却也平整。有时点分明是楷书,横却成了隶书,上一个字还很规矩,下一个字却又行草起来。但总体看却又很和谐,不别扭,只觉得变得有味。让人总有一些意外的惊喜,不会觉得平淡乏味。

金冬心和郑板桥都不是主流书家,却常常比主流书家还惹人青睐。大概都缘于他们身上所具备的个人魅力,是那么的不同寻常，又饶有趣味。

　　清末民初的李叔同却是另一位令人景仰的大师。他摘取过众多不同文艺门类的桂冠，从音乐到演剧，从金石到书法，从西洋画到中国画，从诗词到歌曲。中国第一个画人体的是他，第一个话剧团体的创办者是他，第一份音乐杂志的创办者也是他……

　　这样一个文艺的天才,后来却出了家，成了律宗第十一代传人——弘一法师，这更增加了他的神秘感和传奇性。从上海的富家公子，到一派洋气的留学生，再到青衣长衫的中学教员，又到游于方外的得道高僧。李叔同游弋于不同的人生境界。但无论做什么，他都做得认真到位。他留给人们的信息中，最使人津津乐道的还是他的书法。

　　早期的李叔同学魏碑、临"二爨"，一丝不苟，深得古法。以碑学为主，风格刚朗大气。中年出家后，原本是四大皆空，连艺术也放弃了的，后有抄经之需，将书法又重新捡起来。这一次提笔，却不同凡响，使自己的书法进入了一个新的境界。或许身在佛门，心无尘埃，弘一法师的字，总让人感觉有一股淡淡的禅意（图213）。看得人似乎心灵也澄澈了许多，纯净了许多，随着淡淡墨痕便入了化境。"无欲则刚，有容乃大"，那些看似柔弱的线，在中锋的驱使下，绵绵有力，不露一丝圭角。点画与点画之间，基本上是不挨着的，但却没有松散的感觉，依然紧凑。章法上的宽疏，总让字显得悠远空灵，秀气却也浑厚。

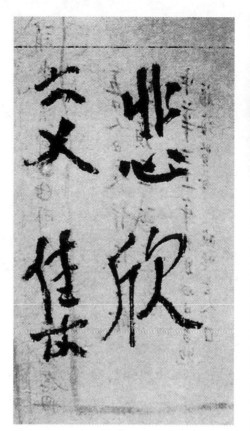

图213 弘一法师书法

　　弘一法师的字写得很慢，无论大字小字，都是一副不紧不慢，气定神闲的样子。线条圆浑，却没有"肉"的感觉。字形瘦长，却不觉瘦弱，只觉清丽。静，却分明听得到心的跳动。

　　无论是居庙堂之高的九五之尊，还是处江湖之远的市井之士，或是那寄身空门的得道高僧，他们最终写就的是自己的性灵。不管是顿悟，还是渐修，他们都在艺术的花坛里绽放出了别样的光彩。

4.3　篆刻艺术

　　北京申奥的成功是令人兴奋的，看到奥运会的标志又让人有意外之喜。一枚朱红大印，里面刻一个"文"字，而这个"文"字看起来又是一个运动的人，这样一语双

图214 古玺 日庚都萃车马　　图215 秦代 昌武君印　　图216 汉代 上官建印　　图217 汉代 丁若延印

关的标志无论如何都有着丰富的内涵。首先是传统印章的形式和耀眼夺目的朱砂色，就彰显出无限的中国魅力，然后将一个运动的人和"文"字合而为一，既显示出运动会的含义也突出了"人文"的主题。在绿色奥运与人文奥运的主题下，它无疑是最合适，也最富设计智慧的。

其实，印章这种形式在中国已经存在几千年了，把它作为标志也不是第一次。说起来，印章还是从徽标演化而来的呢！在中国商代就有了玺印，不过那时的印不是用来钤盖的文字，而是代表一个部落的族徽，由于它具备了后世印章的形状，就被看作是印章的雏形。

西周后，出现了大量的文字玺。秦之前的文字玺都被称作古玺(图214)，古玺有官玺与私玺之分。秦始皇之后，玺就成了帝王印的专有名词，而平民所用就是现在所谓的印章了。

印章一开始自然是以实用为目的的，有官有私。皇帝分封诸侯，安排官位，便要铸印相送，称为官印。用来代表个人信誉和区别不同身份的，则是私印。颁布政令，上奏表文都要钤盖印章表示正式和权威，这不仅是身份的代表，也是权力的象征。这些发展到今天，就演化成了文件上的公章和协议里的私印了。而恰恰是因为有了这一枚朱红色的印记，文件便显出了它的正式，协议也觉得更有信誉。

从印章发展成篆刻，便是从实用化为艺术。就像从衣服到时装，满足实用后就要讲求审美了。由于印章上刻的是汉字，篆刻便与书法有了密不可分的联系。欣赏一枚印章也就像欣赏一幅微型书法，要从中细细地品味文字的线条、结体、章法和其中所传递出的意味。

古玺使用的文字是大篆。那时各国的字体还不统一，造型也不够平稳规整。然而，就是这样的文字，刻铸成印章后却有着惊人的艺术效果。看"日庚都萃车马"这枚印，章法上的大疏大密，就先吸引了人的视线，再加上细劲的线条和古拙的字形，更深深地打动了人心。这六个字看似散乱，其实却错落有致，变化丰富。"长者任其长，阔者随其阔"(吴颐人语)，是这枚印的总体印象。时细时粗的线条，忽左忽右的重心，又给它增添了无数耐人寻味的魅力。

秦统一六国后，随着文字的统一，小篆就成了全国的标准文字。而秦还在小篆的基础上制定了专门用于治印的"摹印篆"(图215)，治印开始成为一件严肃认真的事。到了汉代，书法的主流虽然已经是隶书，但在治印上却依然沿用了篆字，并使它成为一种传统。

秦汉印都追求章法的平正匀称，而且绝大多数都是阴刻白文。所不同的是，秦官印常有"田"字形或"日"字形的界栏，而汉印就比较少有。而且，秦印的文字线条要比汉印的文字线条稍细一些。像秦时的"昌武君印"和汉时的"上官建印"(图216)在这方面就有着明显的不同。

孙过庭说："初学分布，但求平正，既知平正，复求险绝，既能险绝，复归平正"

图218 汉代 车马

图219 汉代 长袖舞

图220 汉代 赵多

图221 汉代 王昌之印

图222 文彭之印1　　图223 文彭之印2

这是对书法的要求，但用在印章的追求上却也恰如其分。虽然在方寸之间，却仍有乾坤之大。字的粗细方圆、疏密开合、平正险绝、阴阳错落，一些微小的变化都造成篆刻艺术的无穷魅力。汉印正是要在完美的均衡中去寻求这些微小的变化。

像"丁若延印"（图217）四个字，所占空间基本平等，然而丁字的下半部分两块大面积的留朱却醒目突出，给人留下了深刻的印象。又在整体方整的基础上，丁字的上半部分采用了半圆形的弧线，这就给这枚印带来了无穷的活力。在大疏大密的对比中，既满足了人们对平正的需要，又实现了丰富的变化，同时还能方中有圆、寓圆于方，在方与圆的微妙变化中，达到视觉的和谐与心理的均衡。

汉代除了文字印以外，还有大量的肖形印，成为印章世界里的另一枝奇葩。像虎豹龙凤、猪狗牛羊、人车屋宇都可以入印。无论阴刻阳刻，也都言简意赅，惟妙惟肖。在"刺虎"中我们几能听到"嗷嗷"的叫声；在"弹瑟"里又似乎琴音在耳；一架扬鞭的车马，被浓缩在纽扣大的印章上，依然生动传神，气势不减（图218）；在"长袖舞"（图219）这枚印章中，两个跳舞的人奕奕有神，穿插十分得体，计白当黑，使方寸之内红色与白色分布得既均匀和谐，又不影响人物动态的从容舒展。这些大概就是给奥运标志带来启示的印章了。

古人向往平安吉祥的生活，就把象征快乐、吉祥、长寿一类的动物刻在印里。像羊、龟、鹤、鹿等刻玉佩戴，都是为了祈福祯祥。那些在自己的名字周围刻上青龙、白虎、朱雀、玄武象征四方之神的印章，被称为四灵印，只刻有两个或三个的，就被称为二灵或三灵印。像"赵多"（图220）与"王昌之印"（图221）就是这样的印章。

汉代是中国篆刻史上的一个高峰，然而篆刻艺术的全面流行和普及却在明清。在宋代以前，制印的材质和途径主要是青铜铸造和玉石雕凿，制作起来有一定的难度，并不方便，一般是写好后由专门机构来完成。随着宋代绘画的发展，以及收藏鉴赏之风的流行，文人急欲参与制印。元代赵孟頫对书法入画的提倡和融诗、书、画、印为一体的文人绘画形式的成熟，更加剧了这一需求。然而苦于没有便捷的材料，制印一度流于官方化。直至明代中期，文徵明之子文彭（图222、图223）对石质的发现和采用，总算解了这一燃眉之急。

这些质地松软酥脆，而表面又光滑细腻的青田石、田黄石、鸡血石，一旦成为印料，便带来了篆刻领域的空前繁荣。最

图224 丁文蔚

图225 吴俊卿日利长寿

图226 白石

高兴的当然是那些文人墨客，他们终于可以根据自己的风格和趣味自由治印了。于是，一时之间，名家辈出，门派林立，在印的世界里，春花绽放，异彩纷呈。

先是以文彭与何震为代表的"文何派"作为开山鼻祖，接下来便是以苏宣、梁袠、朱简、汪关、陈瓒为代表的"徽派"引领一时。与此同时，杭州的"西泠八家"：丁敬、蒋仁、黄易、奚冈、陈豫钟、陈鸿寿、赵之琛、钱松则作为"浙派"的代表，称雄一方，随后便是邓石如、吴熙载、赵之谦、吴昌硕、齐白石、钱瘦铁、邓散木、来楚生等人的粉墨登场。他们以突出的个人风格和不同的艺术面貌各领风骚。

在方寸大小的印面上，经过艺术家的苦心经营，便造就了一个乾坤大观。秦汉印以其质朴、雄浑的美感成为时代的高标。经历了隋唐宋元的时光消减，最终还是踏上了末路，趋于纤弱，流于形式。就在这时，明代篆刻家文彭将目光重新投向了秦汉，要以古朴雄浑，力挽时弊。

文彭说："刻朱文印须流利，令如春花舞雪；刻白文印须沉凝，令如寒山积雪；落手处要大胆，令如壮士舞剑；收拾处要小心，令如美女拈针。"我们从"文彭之印"的白文与朱文的对照中，不难发现白文的婉约典雅和朱文的质朴雄浑。这些都来自文彭对秦汉趣味的反复玩味。不仅如此，据说他为了追求秦汉印古朴残破的美感，刻完印后，将印放入木盒中，让童子反复摇动，借印与印的互相撞击产生自然的残缺，造成斑驳古拙的趣味。

在文彭的倡导下，秦汉印成了后来篆刻家汲取营养的一块沃土。在这块肥沃的土壤上，春秋换代，繁花盛开。

文彭之后，流派印除了吸收秦汉印质朴古拙的特点之外，又融入了书法的笔意。一时间，"印从书出，以刀代笔"成了印家反复玩味的主题，再加上清人对碑学的崇尚，金石与书法就密为一家，互不分离了。书家在书法中探求碑刻所特有的金石味，而篆刻家又在篆刻中追求书法的笔墨意趣，以刀代笔，印石作纸，是印章，也是书法，同时，又保持金石与书卷的各自本色，遂造就了一代印风。

多少不眠夜，赵之谦将三国的《天发神谶碑》融入自己的"丁文蔚"（图224）；无数晴窗下，吴昌硕用一把钝刻刀写就着自己的石鼓文；他们都先是书法家，然后才是篆刻家，却都成为篆刻界的一代宗师（图225）。

之后的齐白石，就更是印章界的奇人了，他是我国著名的大写意花鸟画家，诗、书、画、印样样精通，然而他却认为在自己的艺术领域里，诗排第一，印第二，画第三，书法第四。看来他对自己的印是相当自信的。的确，这位拿过木刻刀的雕花木匠，刻起石头印章来，确实不同凡响。一个单刀直入，就打破了印章历史中的诸多清规戒律，生拙而老辣。这样的印是前无古人的，这样的印也是后无来者的（图226）。

就是在章法的处理上，白石老人也有着超人的智慧。试看"白石"一印，"白"

FOUR

与"石"两个字笔画简单，极难排列，很容易流于单调或重复。对于篆刻家来说这无疑是个难题，然而在齐白石手中却能妙笔生花。他先将"白"与"石"两个字安排为一下一上，这就避开了"白"字下面的"日"字与"石"字下面的"口"字这两个方形的重复。其次，他合理地利用边框与笔画的重合，将印面的空白扩展到最大程度，使简单的字产生巨大的张力，不觉空洞。随意拉长的笔画，以长直线和长弧线为主，作为印面结构的支撑，划分着画面的空间，将画面空白分割为不同大小的矩形、三角形、梯形和不规则形，可谓匠心独运。

管中窥豹，一叶知秋。

在一枚印章的方寸之间，还有很多人在作着无穷无尽的探索，创造着新的洋洋大观。

BIBLIOGRAPHY 参考文献

[1]、宗白华 著．美学散步．上海：上海人民美术出版社，1998．
[2]、朱光潜 著．谈美书简．上海：上海文艺出版社，1999．
[3]、朱光潜 著．无言之美．北京：北京大学出版社，2005．
[4]、俞剑华 编著．中国古代画论类编．第二版．北京：人民美术出版社，2000
[5]、李泽厚 著．美的历程．天津：天津社会科学院出版社，2001．
[6]、宗白华 著．意境．第二版．北京：北京大学出版社，1997．
[7]、曹 齐 编．中国历代画家大观．上海：上海人民美术出版社，1998．
[8]、孙冰选 编．丰子恺艺术随笔．上海：上海文艺出版社，1999．
[9]、陈国华 选编．中国百年散文·品艺卷．杭州：浙江文艺出版社，1995．
[10]、孙建军 陈彦田 主编．全唐诗选注．北京：线装书局，2002．
[11]、傅 刚 著．魏晋风度．上海：上海古籍出版社，1997．
[12]、徐 风 著．西方美术史．西安：陕西人民教育出版社，1994．
[13]、赵 农 著．设计概论．西安：陕西人民美术出版社，2000．
[14]、沈 括 著．梦溪笔谈．北京：团结出版社，1996．
[15]、杨里昂 主编．20世纪艺术名人自述．广州：花城出版社，1998．
[16]、高 楠 著．艺术心理学．沈阳：辽宁人民出版社，1988．
[17]、韩林德 著．石涛画语录研究．南京：江苏美术出版社，1993．
[18]、陈才俊 编．人生在世·情思卷．汕头：汕头大学出版社，2002．
[19]、高等艺术院校《艺术概论》编著组．艺术概论．北京：文化艺术出版社，1983．
[20]、张 潮 著．幽梦影．长春：吉林文史出版社，1999．
[21]、杨素芳 后东生 编．中国书法理论经典．石家庄：河北人民出版社，1998．
[22]、许洪流 著．技与道．杭州：浙江人民美术出版社，2001．
[23]、李 梵 编著．汉字的故事．北京：中国档案出版社，2001．
[24]、周 桥 周桂发 编著．中国书法故事．上海：上海人民美术出版社，1998．
[25]、刘义庆 著．世说新语．杭州：浙江古籍出版社，1998．
[26]、舒士俊 著．水墨诗情．上海：复旦大学出版社，1998．

[27]、胡传海 著．笔墨氤氲．上海：复旦大学出版社，1998．
[28]、陈文新 译著．雅趣四书．武汉：湖北辞书出版社，1998．
[29]、裘 仁 林骧华 主编．中国传统文化精华．上海：复旦大学出版社，1995．
[30]、刘 勰 著．文心雕龙．合肥：安徽教育出版社，1993．
[31]、故宫博物院紫禁城出版社 编．故宫博物院藏宝录．上海：上海文艺出版社，1986．
[32]、乘 皇 编．达芬奇画传．北京：文化艺术出版社，2005．
[33]、纪江红 编．中国传世花鸟画．呼和浩特：内蒙古人民出版社，2002．
[34]、王稼句 编．中国现代名家读画美文．成都：四川文艺出版社，2002．
[35]、丰子恺 著．艺术趣味．长沙：湖南文艺出版社，2002．
[36]、林家治 卢寿荣 著．仇英画传．济南：山东画报出版社，2004．
[37]、盛 超 编．毕加索画传．北京：文化艺术出版社，2005．
[38]、水采田 译注．宋代书论．长沙：湖南美术出版社，1999．
[39]、丁家桐 著．扬州八怪全传．上海：上海人民出版社，1998．
[40]、[法]约翰·利优尔德著．塞尚传．郑彭年 译．上海：上海人民美术出版社，1997．
[41]、[法]皮埃尔·勒米尔著．劳特累克传．陈小芬，沈揆一 译．上海：上海人民美术出版社，1997．
[42]、邱少华 著．墨影禅心．长春：吉林人民出版社，1999．
[43]、龚 静 著．写意．南宁：广西师范大学出版社，2004．
[44]、陈传席 著．明末怪杰．杭州：浙江人民美术出版社，1992．
[45]、鲍诗度 著．西方现代派美术．北京：中国青年出版社，1993．
[46]、吴颐人 著．中国古今名印欣赏．西安：三秦出版社，1988．
[47]、范淑英 杨兵 著．无声之乐．北京：中国纺织出版社，2001．
[48]、刘人岛 编．名画观止．北京：红旗出版社，1998．

POST SCRIPT 后记

　　花开春辉，叶落秋雨。
　　自美术学院毕业后，投身于艺术基础教育之中，一晃就是十年。教学之暇，依然沉浸于书画的创作探索。创作之余，对艺术理论的研究便成为一种自觉。读诗书、赏书画、听音乐、观戏曲、看电影，日披夜览，偶有心得，便成了这本书的基础。然而，终因才疏学浅，对音乐、戏曲、电影等艺术的欣尚未敢提笔，好在有老师的鼓励、朋友的支持、出版社的信任，在书法、国画、油画以及艺术的概论方面有了一个较为完整的面目，就凑成了这本《艺术赏析》。
　　手亲笔砚，耳闻雅声，心游于艺，艺术总能给现实生活带来一丝惬意。对艺术的欣赏和对美的追求终将会成为一种生活的态度。艺术理论研究的道路是漫长的，抛砖以引玉，投石而问路，《艺术赏析》本着普及艺术的目的，以图文结合的方式，按艺术家及其作品为线索，试图传递出一种艺术的精神。而对于艺术的欣赏和对于艺术理论的研究，必然会经过一个"寻寻觅觅"的过程，迎来"蓦然回首"的收获。这对我也将是一个开始。
　　在此，感谢我的老师赵农先生能百忙之中为拙作撰序。感谢对本书提供帮助与关注的朋友们。

周红艺　丁亥岁秋于西安欣欣斋